Mathematics for Physics

만화로 쉽게 배우는 물리수학

저자 / 밤바 아야

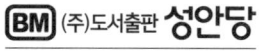
日本 옴사 · 성안당 공동 출간

만화로 쉽게 배우는 **물리수학**

Original Japanese Language edition
Manga de Wakaru Butsuri Sugaku
by Aya Bamba, Banri Kawamura, Office sawa
Copyright ⓒ Aya Bamba, Banri Kawamura, Office sawa 2021
published by Ohmsha, Ltd.
This Korean Language edition co-published by Ohmsha, Ltd. and Sung An Dang, Inc.
Copyright ⓒ 2021
All rights reserved.

들어가는 말

물리학과 수학은 그 역사 속에서 늘 손을 맞잡고 발전해왔습니다. 하지만 고등학교 때까지는 '물리'와 '수학'을 별개의 과목으로 취급하기 때문에 함께 발전했다고 느낄 만한 기회가 많지 않은 것이 현실입니다. 그 때문인지, 이공계 학부에서 첫 학년에 배우는 물리수학(물리학에 이용되는 몇 가지 수학적 방법을 통틀어 이르는 말. 특정 수학 분야를 가리키는 것은 아니다. 어떤 물리현상을 취급할 때는 몇 가지 수학적 방법을 복합적으로 이용하는 경우가 많다. – 옮긴이)을 싫어하는 학생이 많습니다. 무엇을 위해 물리수학을 배우는지 그 앞이 보이지 않는데다 수학을 잘하는 학생은 좀 부족함을 느끼고, 수학에 약한 학생은 잘 따라가지 못하기 때문입니다. 솔직히 털어놓자면 저도 수학은 고등학교 때부터 싫어했습니다. 대학에 입학한 후에는 그 경향이 더 심해져 대학 1학년 때 배우는 수학의 엄밀성과 추상성, 그리고 수학을 잘하는 동급생들에게 주눅 들어 녹아웃되었던 기억이 있습니다. 그때 수학이 물리학의 세계를 어떻게 묘사하고 채색하고 나타내는지 알았다면 좀 더 즐겁게 수학 공부를 했을 텐데 말입니다.

이 책은 저처럼 수학을 잘하지는 못하지만 그래도 물리학을 꼭 배우고 싶어 하는 학생에게 도움이 되었으면 하는 바람으로 집필했습니다. 물리학과 수학이 밀접하게 연관되어 있어, 고등학교 수학보다 좀 차원이 높은 수학을 활용하면 물리학을 보다 정확하고 깊이 있게 표현하고 이해할 수 있다는 것을 느끼도록 가능한 한 많은 물리학 예제를 다루었습니다.

만화 특유의 그림과 표를 많이 활용해 수학이 나타내는 물리학 세계의 이미지가 그려지도록 공을 들였습니다. 이 책을 읽다 좀 어렵더라도 노력해봐야겠다고 자신에게 용기를 북돋우어 주신다면 저자로서 더 기쁜 일은 없을 것입니다.

끝으로 이 책을 쓸 기회를 주신 옴사의 츠쿠이 야스히코 씨, 저를 꼭 닮은 주인공 캐릭터를 그려주신 가와무라 반리 씨, 제작을 담당해주신 오피스 sawa분들, 최종 교정을 해주신 시바타 신페이 씨에게 감사드립니다.

2021년 3월
밤바 아야

차례

프롤로그 **나더러 물리수학 과외선생을 하라고!?** ·········· 1

제1장 물리수학이 뭐지? ·········· 13
물리와 수학은 밀접하게 연관되어 있다 ·········· 14
- 대학 물리와 고등학교 물리의 다른 점 ·········· 14
- 선형대수, 벡터와 행렬 ·········· 20
- 미분적분 ·········· 23
- 벡터 해석 ·········· 27
- 복소수 ·········· 29
- 즐겁고 아름답게 풀리는 물리의 세계 ·········· 33

제2장 선형대수 ·········· 37
1. 스칼라, 벡터, 행렬, 텐서란? ·········· 38
- 스칼라량과 벡터량 ·········· 39
- 벡터의 성분 표시 ·········· 41
- 벡터의 크기, 단위벡터, 기저벡터 ·········· 43
- 텐서가 뭐지? ·········· 45
- 행렬의 개념 ·········· 46

2. 벡터의 연산, 행렬의 연산 ·········· 49
- 벡터·행렬의 연산 방법을 이해하자 ·········· 50
- 역행렬이란? ·········· 53

3. 행렬을 이용해서 연립 일차 방정식을 지혜롭게 푼다 ·········· 54
- 연립방정식을 깔끔하게 정리한다 ·········· 54
- **문제** 용수철과 추에 관한 문제 ·········· 56

4. 행렬을 이용해서 변환해보자 ·········· 58
- 변환하면 이해하기 쉽다 ·········· 58
- 행렬을 이용한 변환 방법 ·········· 60
- 사상이란? ·········· 63

5. 고윳값·고유벡터로 그 행렬의 정체를 알 수 있다 ·········· 64
- 고윳값·고유벡터의 의미를 알아두자 ·········· 64
- 역행렬을 구하는 것은 방정식의 해를 구하는 것 ·········· 68
- 행렬식에서 역행렬의 존재를 체크할 수 있다 ·········· 70

제3장 1변수함수의 미분적분 ·········· 75

1. 드라이브로 느끼는 미분적분 ·········· 76
- 미분을 복습해보자 ·········· 78
- 미분과 도함수 ·········· 80
- 도함수의 수학적 의미 ·········· 83
- 차원을 확실히 의식하자 ·········· 85
- 미분의 성질과 도함수 구하는 법 ·········· 87

2. 한 번 더 미분 ·········· 89
- 두 번 미분해보자 ·········· 89
- 미분으로 연결되는 '위치, 속도, 가속도'의 관계 ·········· 91

3. 테일러 전개 ·········· 92
- 복잡한 함수를 간단하게 정리한다 ·········· 92
- 도함수에서 곡선을 직선으로 나타내기 ·········· 94
- 평균값의 정리 ·········· 96
- 테일러 정리 ·········· 99
- 테일러 전개식의 형태 ·········· 101
- 매클로린 전개식의 형태 ·········· 104
- 원하는 곳에서 잘라서, 근사! ·········· 105
- **문제** 만유인력에 의한 위치 에너지의 문제 ·········· 112

4. 적분해보자 116
- 적분을 복습해보자 116
- 적분은 길쭉한 직사각형을 합치는 것이다 118
- 부정적분이란? 121
- 물리량의 차원과 미적분 124
- 극좌표에서의 적분 125
- 극좌표에서의 적분값을 구해보자 126
- 적분의 응용 128

제4장 다변수함수의 미분적분 131

1. 다변수함수를 '미분'해 보자 132
- 여러 방향으로 움직이는 경우는 다변수함수로 나타낸다 134
- 1변수함수와 다변수함수의 다른 점 138
- 다변수함수를 편미분하면 편도함수를 구할 수 있다 139
- 전미분이란? 142
- 편미분 계산의 특징 143

2. 편미분에 의해 파동이 나타난다 144
- 파동도 다변수함수로 나타낸다 144
- 시각을 고정하고 파동을 살펴보자 146
- 위치를 고정하고 파동을 살펴보자 148
- 파동을 나타내는 함수를 편미분해보자 150

3. 원기둥좌표, 구좌표에서의 미분 152
- 원기둥좌표에서 편미분해보자 153
- 구좌표에서 편미분해보자 156

4. 다변수함수를 '적분'해보자 158
- 면적분, 선적분, 체적적분 161
- 면적분(2변수함수의 적분)의 개념 163
- 면적분(2변수함수의 적분)을 계산해보자 165

- 극좌표, 원기둥좌표, 구좌표의 적분 ··· 168

5. 미분방정식이란? ·· 170
- 미분방정식에서는 함수의 해를 구할 수 있다 ··· 170
- 미분방정식 용어 ··· 173
- 미분방정식 푸는 법 ·· 175
- 문제 방사성 동위 원소의 원자 붕괴 문제 ··· 176
- 문제 추와 용수철과 대시포트 문제 ·· 179

제5장 벡터 해석 ·· 185

1. 기울기(grad), 발산(div), 회전(rot) ··· 186
- 벡터 해석이란? ··· 188
- 벡터장이란? ··· 190
- 벡터의 내적, 외적 ·· 192
- 벡터 연산자란? ··· 194
- grad(기울기)로 무엇을 알 수 있을까? ·· 196
- div(발산)으로 무엇을 알 수 있을까? ·· 198
- rot(회전)으로 무엇을 알 수 있을까? ·· 200

2. 나블라를 이용해서 간단하게 ·· 202
- 정말 편리한 벡터 연산자 ▽(나블라) ··· 202

3. 가우스의 정리 ··· 204
- 두 적분 정리 ·· 204
- 가우스의 정리는 발산(div)의 정리 ·· 205

4. 스토크스 정리 ··· 207
- 스토크스 정리는 회전(rot)의 정리 ·· 207
- 스토크스 정리로 얻는 앙페르의 법칙 ··· 209
- 문제 어느 원기둥 주위의 자기장 구조 ··· 210

제6장 복소수 215
1. 복소수란? 216
- 복소수에 대해서 218
- 복소평면에서 복소수를 나타낼 수 있다 220
- 복소수를 극형식으로 나타낸다 221
- 오일러의 공식 222
- 복소평면을 빙빙 돌아라 226
- 복소수의 도입으로 파동을 편리하게 다룬다! 230

2. 복소수로 나타내는 단진동, 교류회로 232
- 단진동과 복소수 232
- 교류회로에서도 복소수가 도움이 된다 235

에필로그 240
- 한걸음 더 250
- 찾아보기 251

나더러 물리수학 과외선생을 하라고!?

그게- 우리 도서관에서 늘 어려워 보이는 책을 읽는 학생은 정민 군 밖에 없잖아?

솔직히 말하면 여자와 단둘이 있어도 아무런 해가 없을 듯 해서!

아… 그런 거예요?

난 사서라서 책을 보는 눈도 있고 사람을 보는 눈도 있거든.

정민 군이라면 과외선생님으로 손색이 없을 것 같아.

무해

나도 모르게 해보겠다고 말하긴 했지만…

사서 선생님도 참 사람 보는 눈이 없네.

학교 수업도 따라가지 못해서

일단 자켓

현실 도피로 좋아하는 책을 읽고 있을 뿐인데…

제 1 장

물리수학이 뭐지?

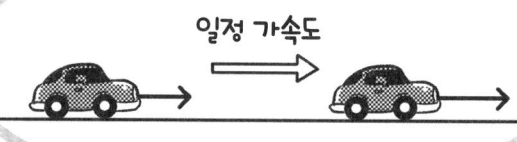

"그럼, 한번 생각해보세요."

"고등학교 물리에서는 이런 문제를 풀기도 하잖아요~"

"아~ 그립다! 이동하는 물체… **자동차의 운동**에 대한 문제도 있었고 **용수철 진자**에 대한 문제도 있었죠."

> 이 자동차는 등가속도 직선 운동을 하고 있다. 이때 ……을 구하라.

> 용수철의 ……을 구하라. 다만, 공기의 영향은 무시하기로 한다.

"맞아요! 근데 고등학교 수준의 문제는 반드시 조건이 붙어 있어요."

"'가속도가 일정하고 진행 방향은 직선'이라든가"

"'공기 저항은 무시하라'든가"

조건

"몇 가지 조건이 주어지고, **문제를 단순화**했다고 할까요?"

"맞아! 분명히 그랬어요."

미분적분

- **미분**…아주 잘게 나눠 살펴보는 것. 접선의 기울기에 따라 변화의 비율을 알 수 있다.

- **적분**…잘게 나눈 것을 합쳐보는 것. 넓이(면적)와 부피(체적)를 계산하는 데 사용된다.

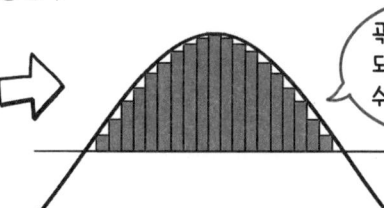

- 그리고 미분과 적분은 표리일체의 관계에 있다.

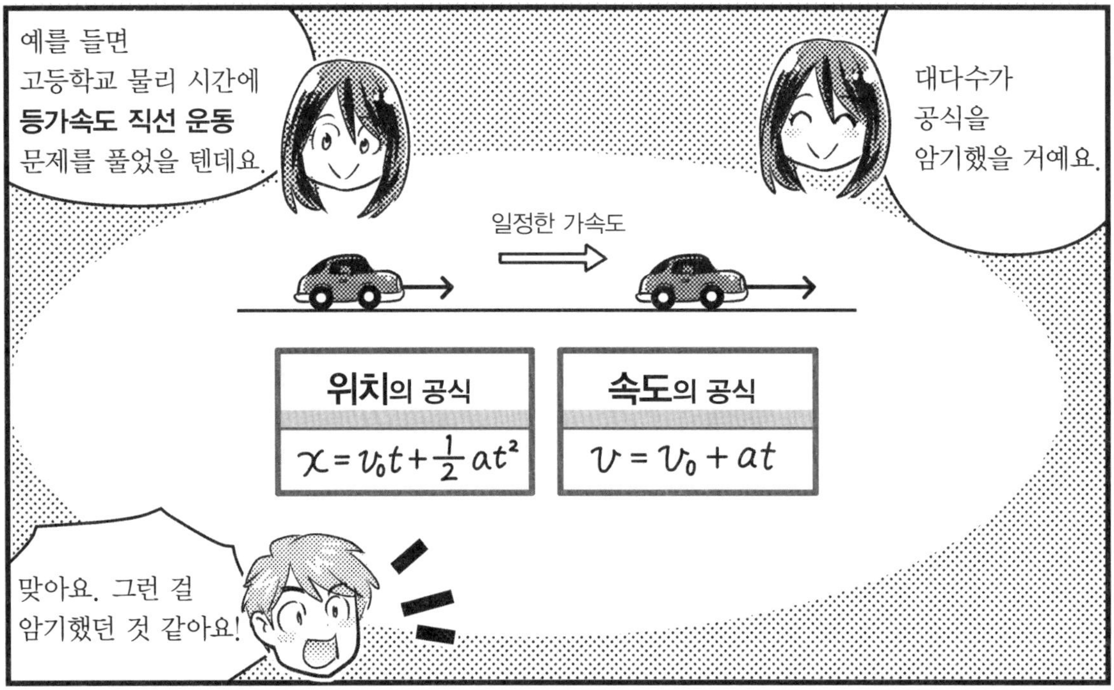

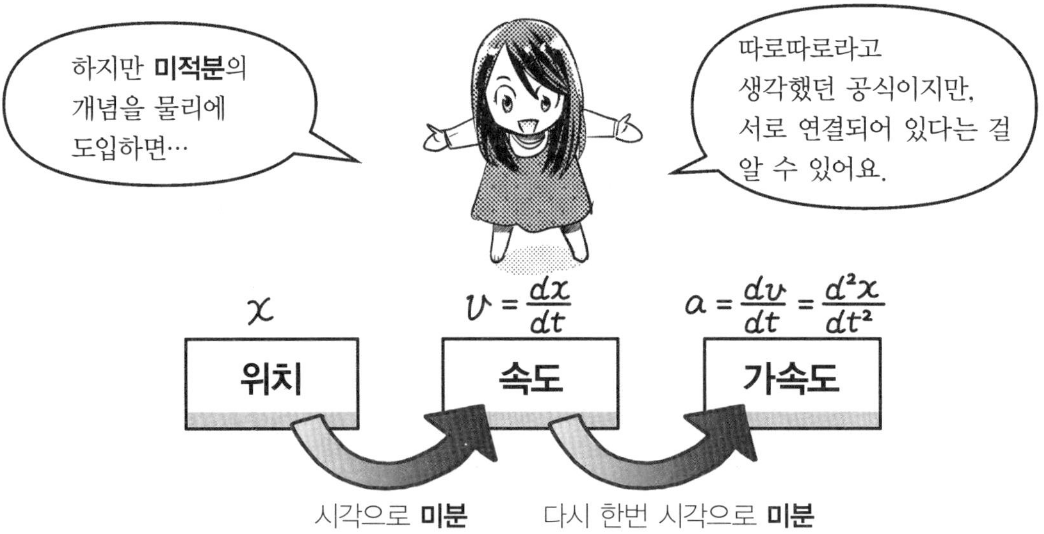

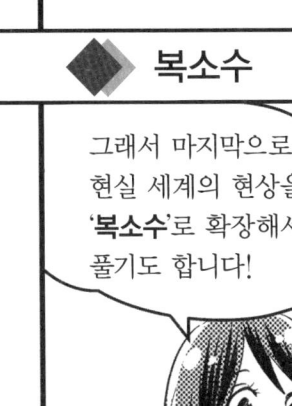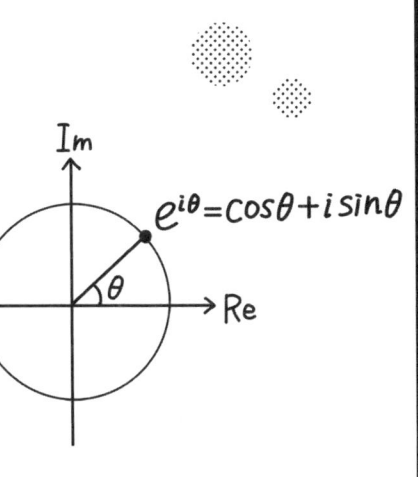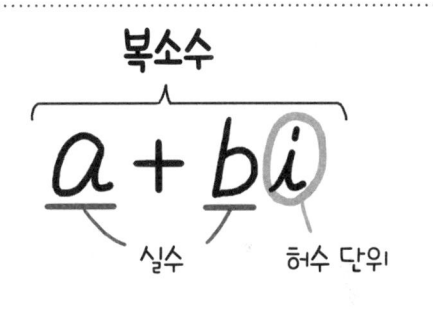

다리나 건물의 공진
어떤 주파수로 흔들리면 큰 진동이 일어난다. 다리가 무너지기도 한다. 지진이 일어났을 때 어느 높이 이상의 건물만 크게 흔들리기도 한다.

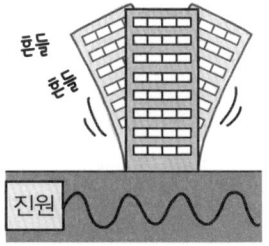

도어 댐퍼
도어의 상부에 있는 부품. 문이 닫히는 충격을 완화한다.

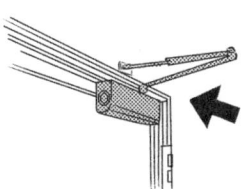

전기 신호의 발진
마이크의 하울링(소리) 등.

◆ 즐겁고 아름답게 풀리는 물리의 세계

이것으로 설명을 마칠게요.

수학을 배워두면 **즐겁고 아름답게 풀리는 물리의 세계**에 최종적으로 도달할 수 있게 될 거예요.

목표!

즐겁고 아름답게 풀리는 물리의 세계

⬆

물리를 위한 수학의 기본

한 걸음 한 걸음 올라가야…

| 제5장 벡터 해석
전자기학, 유체역학 | 제6장 복소수
진동, 교류회로 |

제4장 다변수함수의 미적분
평면이나 공간 내의 운동

| 제2장 선형대수
상대성이론, 연립방정식 | 제3장 1변수함수의 미적분
운동방정식, 힘과 가속도 |

요컨대 물리수학을 열심히 배워두면 새로 이해할 수 있는 물리의 범위가 단숨에 넓어진다는 말이군요.

수학은 싫어하지만 왠지 의욕이 생기는데요!

제 2 장

선형대수

1. 스칼라, 벡터, 행렬, 텐서란?

스칼라량과 벡터량

자, 정민 씨도 아시다시피 물리학의 세계는 굉장히 넓고 **다양한 물리량**을 다루죠.

그리고 이들 물리량은 크게 2가지로 나눌 수 있어요.

가속도 힘 위치 에너지 속도 자기장 파장 온도

물리량	
질량	스칼라
거리	스칼라
속도	벡터
속력	스칼라
가속도	벡터
운동량	벡터
힘	벡터
에너지·열	스칼라
온도	스칼라
전기장	벡터
자기장	벡터

스칼라량과 **벡터량**이군요.

스칼라는 '**크기**'만을 갖는 물리량이고 벡터는 '**크기**'와 '**방향**'을 갖는 물리량을 가리키는 것이었죠. (20쪽 참조)

이미 이해했어요. 간단하죠!

주의!!

네, 그래도 물리량에는 주의해야 해요!

- **속도[m/s]**
단위 시간당 일정한 시간 동안 변화한 위치를 나눈 값으로, 크기와 방향을 나타낸다.

- **속력[m/s]**
일정한 시간 동안 이동한 거리를 나눈 값으로, 속도의 크기를 나타낸다.

- **가속도 [m/s^2]**
단위 시간당 속도가 어느 정도 바뀌었는지 크기와 방향을 나타낸다.

- **열**
에너지와 같다.
단위는 J(Joule, 줄)이나 cal(calorie, 칼로리)

- **온도**
따뜻함이나 차가움, 더위나 추위를 수치로 나타낸 것.
단위는 K(켈빈)나 ℃(도) 등.

벡터의 성분 표시

 그럼, 벡터의 성분에 대해 살펴볼게요.
어떤 자동차가 '북쪽 방향으로 시속 50km'의 **속도**로 '부웅' 하고 달린다고 해보죠.
속도는 벡터량이니까 벡터로 나타낼 수 있겠죠?

그러므로 아래와 같이 '북쪽(x축의 양의 방향)과 서쪽(y축의 양의 방향), 위쪽 방향(z축의 양의 방향)'으로 되어 있는 3차원의 직교좌표계의 위를 자동차가 달린다고 한다면….
자동차 속도 [km/h]의 x축 성분 (v_x)는 50, y축 성분 (v_y)는 0, z축 성분 (v_z)는 0입니다.

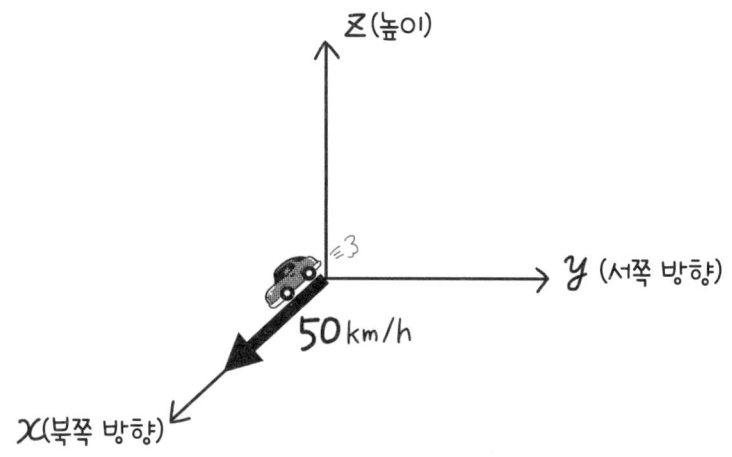

 음, 북쪽으로 시속 50km 속도니까 확실히 그렇게 되겠네요.
자동차가 하늘을 날지는 못하니까 z축 성분이 0인 것도 당연한 거죠.

 그러면 **속도 벡터** $\vec{v}$*는 3가지 스칼라량을 조합해서 이런 식으로 기술할 수 있어요. 옆으로 늘어놓아도, 세로로 늘어놓아도 되고요.

$$\vec{v} = (v_x,\ v_y,\ v_z) = (50,\ 0,\ 0)$$

$$\vec{v} = \begin{pmatrix} v_x \\ v_y \\ v_z \end{pmatrix} = \begin{pmatrix} 50 \\ 0 \\ 0 \end{pmatrix}$$

※벡터는 굵은 글씨(**A**)를 이용하거나 문자 위에 화살표 ($\vec{A}$)를 붙여 씁니다.
이 책에서는 화살표 기호로 통일합니다.

 아하, 그렇구나.
벡터의 성분 표기법은 이해했어요!

 참고로, 이 자동차의 출발 지점이 어디든 벡터에는 차이가 없어요.
도쿄 돔에서 출발하든 피라미드 정상에서 출발하든, **방향과 크기가 바뀌지 않는다면** 벡터의 의미는 완전히 똑같아요.

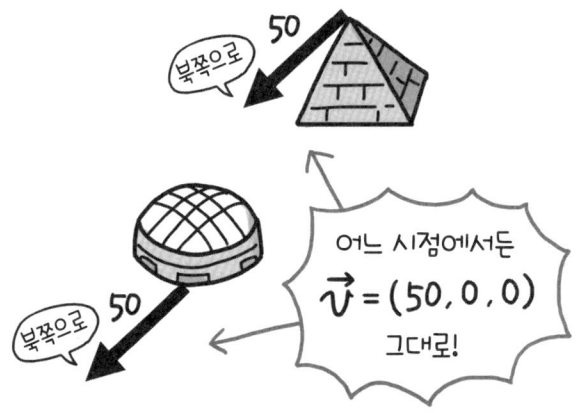

 바꾸어 말하면, **벡터는 평행 이동해도 상관없다**는 말이군요.
아무리 그래도 도쿄 돔과 피라미드는 비유가 극단적인 것 같은데…!

 **'선형대수=벡터+행렬'이 아닙니다!**

제2장의 제목이기도 한 '**선형대수**'는 선형(linear)인 것을 다루는 기법(선형 공간, 선형 사상)입니다.
그리고 선형대수를 구체화한 것, 특히 중요한 것이 앞으로 공부할 것
– 행렬, 벡터, 고윳값, 사상, 좌표변환 등입니다.

이 장에서는 '벡터, 행렬' 등을 중심으로 공부하고 있지만,
'선형대수=벡터+행렬'과 **완전히 일치하지는 않는다**는 것을 기억해 두세요.

벡터의 크기, 단위벡터, 기저벡터

크기와 방향을 동시에 가리키는 편리한 벡터!
하지만 경우에 따라서 '크기만 나타내고 싶을 때'나 '방향만 나타내고 싶을 때'가 있을 거예요.

아, 그거라면 알아요. 벡터의 크기를 나타낼 때는 '**절대값**'을 이용하잖아요.

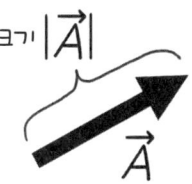

맞아요.
성분 표시의 경우는 삼각형 세 변의 길이 관계를 써서 다음과 같이 나타낼 수 있어요.

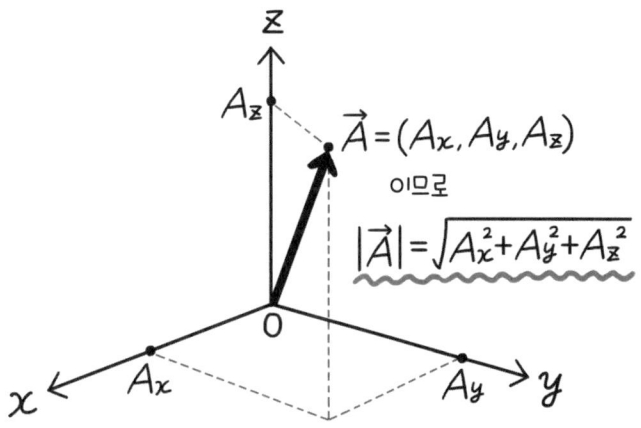

벡터의 방향만을 나타내고 싶을 때는 '**단위벡터**(방향은 주어진 벡터와 같고, 크기가 1인 벡터)'라는 걸 써요.
단위벡터는 스칼라 세계*의 '1'에 대응한 벡터로 되어 있어 아주 쓰기 편하죠.

※실수로 나타낼 수 있는 세계입니다. 우리가 일상에서 쓰는 숫자 등.

단위벡터 $\quad \vec{n} = \dfrac{\vec{A}}{|\vec{A}|}$

벡터 $\vec{A}$를, 그 벡터의 크기로 나누어
'크기가 1'인 벡터를 만들었습니다.

43

음, 단위벡터는 방향을 나타낼 때 편리하군요.
속도와 속력의 차이를 생각해보면
- 속도(북쪽으로 시속 50km)를 나타내는 데는 벡터를 이용한다.
- 속력(시속 50km)을 나타내는 데는 벡터의 크기, 즉 **절대값**을 이용한다.
- 방향만(북쪽)을 나타내는 데는 단위벡터가 편리하다는 건가.

그래서 벡터의 성분 표시 (A_x, A_y, A_z)와 각 축 방향의 단위벡터 $(\vec{i}, \vec{j}, \vec{k})$를 조합하면 어떤 벡터라도 자유롭게 표현할 수가 있어요!
다음과 같은 식을 보면 '**기저벡터**'의 의미도 알 수 있죠.

$$\vec{A} = A_x\vec{i} + A_y\vec{j} + A_z\vec{k}$$

- $\vec{i}$: x축 방향의 단위벡터
- $\vec{j}$: y축 방향의 단위벡터
- $\vec{k}$: z축 방향의 단위벡터

이런 단위벡터 세트를 '**기저벡터**'라고 해요.

아, 이런 형식의 식은 종종 보게 되죠. 맞아요!

지금 말한 것은 스칼라의 '1'에 상당하는 단위벡터였어요.
참고로 스칼라의 '0'에 상당하는 $\vec{0}$(제로벡터)라는 것도 있습니다.

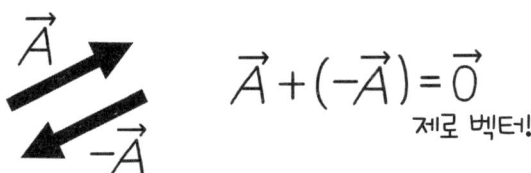
$$\vec{A} + (-\vec{A}) = \vec{0}$$
제로 벡터!

아아… $\vec{0}$는 크기가 0이고, 방향도 없겠네요.
마치 학점이 없어 진로가 정해지지 않은 나처럼…

아니, 제로벡터는 중요하거든요!? 산술에서 0은 불가결한 존재니까요!
다만 $\vec{0}$는 0과는 달라요.
$\vec{0}$는 (0, 0)과 (0, 0, 0)처럼 성분이 모두 0인 벡터거든요.

텐서가 뭐지?

 물리량에는 앞의 스칼라와 벡터 표(39쪽 참조)로는 분류할 수 없는 더욱 복잡한 것도 있습니다. 그 일례가 '**관성 텐서**'와 '**변형**'이죠.

관성 텐서는 '물체가 회전하기 쉬운 성질'과 관련되어 있습니다.
예) 피겨 스케이팅에서 회전할 때, 팔을 벌린 상태(관성 텐서의 성분이 크다)
　　에서 팔을 오므리면(관성 텐서의 성분이 작다) 회전속도가 빨라진다.

변형은 '물체가 얼마나 변형되었는가' 하는 것과 관련되어 있습니다.
예) 지우개를 쭉 잡아당기면 옆으로 길어져서 세로 폭이 좁아진다.

 이러한 복잡한 물리량을 나타내는 데 적합한 것이 '**텐서**(벡터의 개념을 확장한 기하학적인 양)'예요. 아래의 예에서 텐서는 3×3=9가지 성분을 가져요.
($xx, xy, xz, yx, yy, yz, zx, zy, zz$)가 텐서의 성분인 거죠.

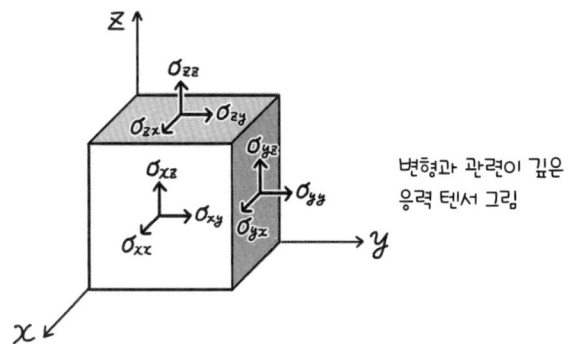

변형과 관련이 깊은
응력 텐서 그림

 아! 정말 3면에 각각 3방향의 성분이 있어 3×3=9개의 성분으로 되어 있군요. 화살표가 대량 발생…!

 참고로, 스칼라는 0계텐서, 벡터는 1계텐서.
그리고 3×3=9개 성분의 텐서는 2계텐서라고 하죠.

행렬의 개념

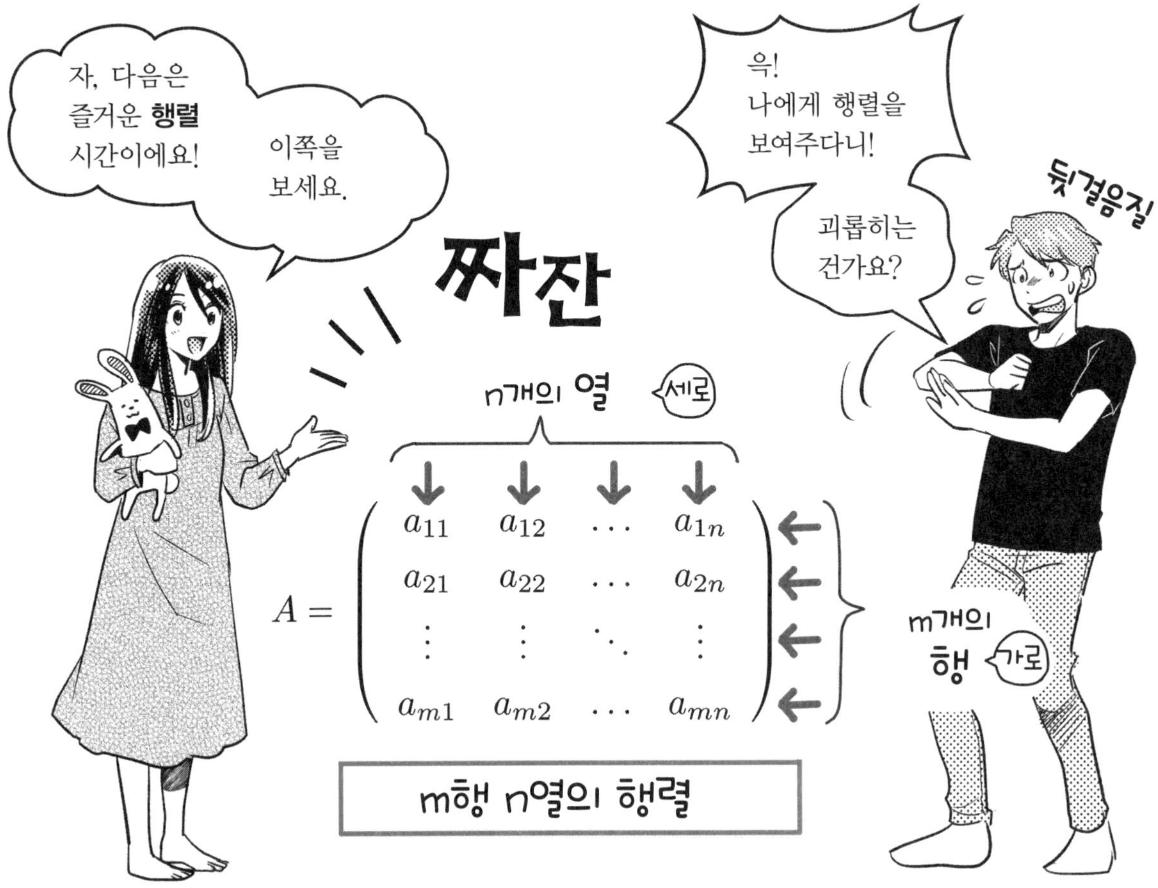

자, 다음은 즐거운 **행렬** 시간이에요! 이쪽을 보세요.

윽! 나에게 행렬을 보여주다니! 괴롭히는 건가요?

뒷걸음질

짜잔

$$A = \begin{pmatrix} a_{11} & a_{12} & \cdots & a_{1n} \\ a_{21} & a_{22} & \cdots & a_{2n} \\ \vdots & \vdots & \ddots & \vdots \\ a_{m1} & a_{m2} & \cdots & a_{mn} \end{pmatrix}$$

n개의 **열** (세로)

m개의 **행** (가로)

m행 n열의 행렬

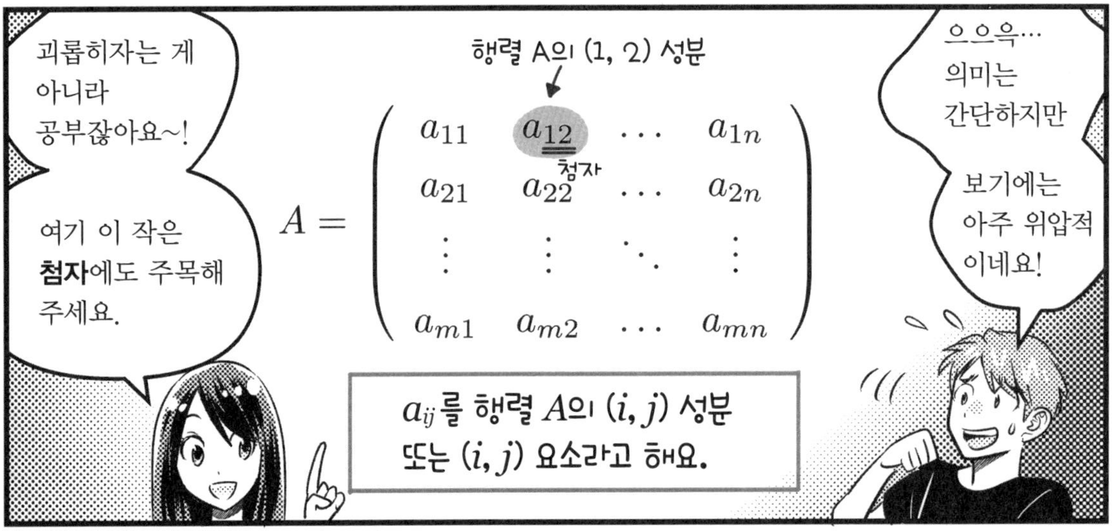

괴롭히자는 게 아니라 공부잖아요~!

여기 이 작은 **첨자**에도 주목해 주세요.

행렬 A의 (1, 2) 성분

$$A = \begin{pmatrix} a_{11} & \underline{a_{12}} & \cdots & a_{1n} \\ a_{21} & a_{22} & \cdots & a_{2n} \\ \vdots & \vdots & \ddots & \vdots \\ a_{m1} & a_{m2} & \cdots & a_{mn} \end{pmatrix}$$

첨자

으으윽... 의미는 간단하지만 보기에는 아주 위압적이네요!

a_{ij}를 행렬 A의 (i, j) 성분 또는 (i, j) 요소라고 해요.

그렇지만 여기 이 행렬도 꽤 귀엽단 말이에요.

$$\begin{pmatrix} 0 & 0 & 0 \\ 0 & 0 & 0 \end{pmatrix}$$

2행 3열의 **영행렬**

$$\begin{pmatrix} 0 & 0 \end{pmatrix}$$

1행 2열의 **영행렬**

오! 이거라면 위압감이 없다!

행렬에도 '0'에 상당하는 '**영행렬**'이라는 게 있거든요.

↑ 읽을 때는 영행렬이라고 해도 되고 제로 행렬이라고 해도 돼요.

이런 거 말이에요.

만약 행과 열의 수가 같다면 '1'에 상당하는 '**단위행렬 E**'도 만들 수 있어요.

$$E = \begin{pmatrix} 1 & 0 & \cdots & 0 \\ 0 & 1 & \cdots & 0 \\ \vdots & \vdots & \ddots & \vdots \\ 0 & 0 & \cdots & 1 \end{pmatrix}$$

행과 열의 수가 같은 정사각형 모양의 행렬을 '**정방행렬**'이라고 해요.

대각선상의 요소가 1이고 나머지는 모두 0이군요.

이해하기 쉽네.

음음

또한 이런 식으로 행과 열의 위치를 바꾼 행렬을 '**전치행렬**'이라 하고 A^t으로 나타내요.

전치행렬은 **선형사상**이라는 것으로 사용되기도 하죠~

$$A = \begin{pmatrix} 5 & 3 & 9 \\ 6 & 1 & 7 \end{pmatrix}$$ m행 n열 (2행 3열)

$$A^t = \begin{pmatrix} 5 & 6 \\ 3 & 1 \\ 9 & 7 \end{pmatrix}$$ 전치행렬! n행 m열 (3행 2열)

※52쪽에서 전치행렬 A^t의 공식을 소개합니다. t는 transposed matrix의 t입니다.

그렇구나~

행렬은 재미있고 귀여워~ **행렬 군**이라는 캐릭터가 있다면 친밀감이 생기지 않을까요?

그쵸

짜 잔

$$\begin{pmatrix} a_{11} & a_{12} \\ a_{21} & a_{22} \end{pmatrix}$$

행렬 군

'행렬이 귀엽다'는 걸 필사적으로 어필하고 있네…!

사양할게요!

벡터·행렬의 연산 방법을 이해하자

◇ **벡터의 상수배(스칼라배)**

우선은 벡터에 대해서 다루고 넘어가기로 해요. 상수배(스칼라배)에 대해서 살펴볼게요. 북쪽을 향해 시속 50km로 달리는 자동차의 속도를 2배로 하는 경우를 생각해보죠. 북쪽의 속도 성분은 시속 100km지만, 서쪽, 위쪽 방향의 속도 성분은 2배로 해도 시속 0km 그대로군요. 마찬가지로 벡터 $\vec{A}=(A_x, A_y, A_z)$를 α배 하면 다음과 같은 식이 됩니다.

$$\alpha\vec{A} = \alpha(A_x, A_y, A_z) = (\alpha A_x, \alpha A_y, \alpha A_z)$$

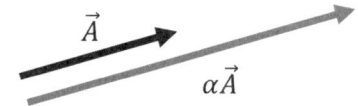

◇ **벡터의 덧셈**

다음은 벡터의 덧셈 $\vec{A}+\vec{B}$입니다. 그림 1처럼 두 화살표 기점이 같으면 어떻게 더하면 좋을지 모르게 되죠. 하지만 벡터는 평행 이동해 기점을 바꿔도 됩니다.
그러므로 그림 2처럼 $\vec{A}$의 끝점에 $\vec{B}$의 시작점을 연결해 보겠습니다.

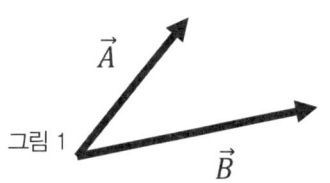
그림 1

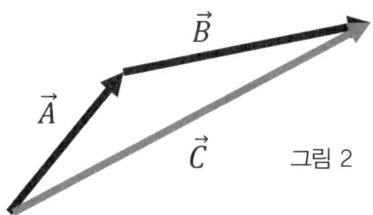
그림 2

우선 $\vec{A}$의 크기와 방향으로 진행한 뒤 $\vec{B}$의 크기와 방향으로 진행하면 $\vec{A}+\vec{B}=\vec{C}$와 같이 됩니다. 그러므로 $\vec{C}$는 그림 2처럼 쓸 수 있음을 알 수 있습니다.

자동차 얘기로 되돌아가 보겠습니다. 시속 50km로 북쪽(x방향)을 향해 달리고 있을 때 서쪽(y방향)에도 시속 20km의 속도를 가했다고 합시다. 새로운 속도인 x성분은 시속 50km 그대로지만 y성분에 시속 20km가 새로 추가됩니다.
마찬가지로 $\vec{A}=(A_x, A_y, A_z)$와 $\vec{B}=(B_x, B_y, B_z)$의 덧셈 결과 $\vec{C}$는 다음과 같이 각 성분을 더한 것이 됩니다.

$$\vec{C} = \vec{A} + \vec{B} = (A_x+B_x, A_y+B_y, A_z+B_z)$$

이것을 $\vec{A}=A_x\vec{i}+A_y\vec{j}+A_z\vec{k}$, $\vec{B}=B_x\vec{i}+B_y\vec{j}+B_z\vec{k}$ 라고 생각하면, 각 기저벡터마다 덧셈을 했다는 것을 알 수 있습니다.

◇ **벡터의 뺄셈**

다음은 뺄셈 $\vec{D}=\vec{A}-\vec{B}$를 알아보겠습니다. 여기서 벡터의 스칼라배를 생각하면 $\alpha=-1$로 하면 $\vec{D}=\vec{A}+(-1)\times\vec{B}$으로 고쳐 쓸 수 있습니다.
이렇게 하면 덧셈과 마찬가지로 계산할 수 있습니다.

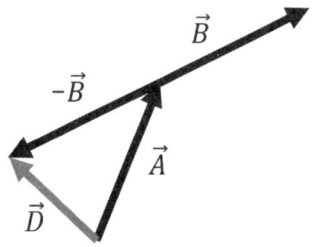

◇ **행렬과 스칼라의 곱셈, 행렬과 행렬의 덧셈·뺄셈**

마찬가지로 행렬과 스칼라의 곱셈, 행렬과 행렬의 덧셈도 할 수 있습니다. 스칼라 α와 행렬 A의 곱셈은 다음과 같이 모든 성분에 α를 곱한 것입니다.

$$\alpha A = \alpha \begin{pmatrix} a_{11} & a_{12} & \cdots & a_{1n} \\ a_{21} & a_{22} & \cdots & a_{2n} \\ \vdots & \vdots & \ddots & \vdots \\ a_{m1} & a_{m2} & \cdots & a_{mn} \end{pmatrix} = \begin{pmatrix} \alpha a_{11} & \alpha a_{12} & \cdots & \alpha a_{1n} \\ \alpha a_{21} & \alpha a_{22} & \cdots & \alpha a_{2n} \\ \vdots & \vdots & \ddots & \vdots \\ \alpha a_{m1} & \alpha a_{m2} & \cdots & \alpha a_{mn} \end{pmatrix}$$

행렬 A+행렬 B는 두 행렬이 모두 같은 행수, 열수일 때만 가능하며, 다음과 같이 각 성분을 합친 m행 n열의 행렬입니다.

$$A+B = \begin{pmatrix} a_{11} & a_{12} & \cdots & a_{1n} \\ a_{21} & a_{22} & \cdots & a_{2n} \\ \vdots & \vdots & \ddots & \vdots \\ a_{m1} & a_{m2} & \cdots & a_{mn} \end{pmatrix} + \begin{pmatrix} b_{11} & b_{12} & \cdots & b_{1n} \\ b_{21} & b_{22} & \cdots & b_{2n} \\ \vdots & \vdots & \ddots & \vdots \\ b_{m1} & b_{m2} & \cdots & b_{mn} \end{pmatrix}$$

$$= \begin{pmatrix} a_{11}+b_{11} & a_{12}+b_{12} & \cdots & a_{1n}+b_{1n} \\ a_{21}+b_{21} & a_{22}+b_{22} & \cdots & a_{2n}+b_{2n} \\ \vdots & \vdots & \ddots & \vdots \\ a_{m1}+b_{m1} & a_{m2}+b_{m2} & \cdots & a_{mn}+b_{mn} \end{pmatrix}$$

행렬 A−행렬 B의 뺄셈도 마찬가지로 각 성분을 빼서 계산합니다. 뺄셈은 '각 행렬의 성분에 마이너스가 붙은 것을 더한다'라고 생각하면 덧셈과 같은 개념이 됩니다.

◇ **행렬의 곱**

이제는 행렬의 곱 $C=AB$를 알아보겠습니다. 곱은 A열의 수와 B행의 수가 같을 때만 정의할 수 있습니다. $A=(a_{ij})$가 $1 \times m$ 행렬, $B=(b_{ij})$가 $m \times n$ 행렬일 때,

$$c_{ij} = a_{i1}b_{1j} + a_{i2}b_{2j} + \ldots + a_{im}b_{mj} = \sum_{k=1}^{m} a_{ik}b_{kj} \ (i=1,2,\ldots,l \ ; \ j=1,2,\ldots,n)$$

이며, C는 $l \times n$행렬입니다. 행렬의 형태로 쓰면 다음과 같습니다.

$$C = \begin{pmatrix} \sum_{k=1}^{m} a_{1k}b_{k1} & \sum_{k=1}^{m} a_{1k}b_{k2} & \ldots & \sum_{k=1}^{m} a_{1k}b_{kn} \\ \sum_{k=1}^{m} a_{2k}b_{k1} & \sum_{k=1}^{m} a_{2k}b_{k2} & \ldots & \sum_{k=1}^{m} a_{2k}b_{kn} \\ \vdots & \vdots & \ddots & \vdots \\ \sum_{k=1}^{m} a_{lk}b_{k1} & \sum_{k=1}^{m} a_{lk}b_{k2} & \ldots & \sum_{k=1}^{m} a_{lk}b_{kn} \end{pmatrix}$$

이것은 좀 복잡해 보이긴 하지만 법칙을 알면 간단합니다. 아래 그림을 보세요.

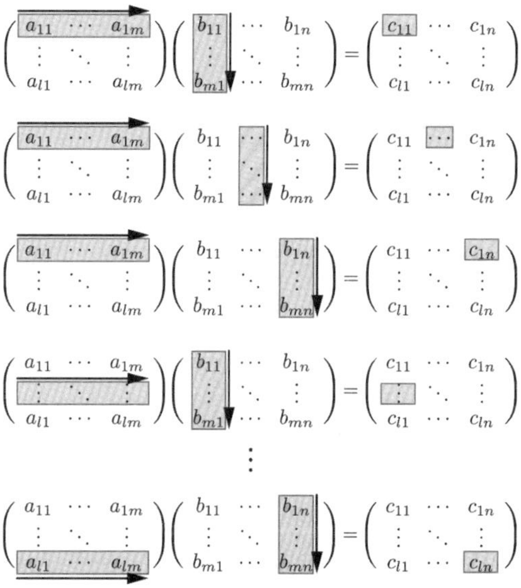

행렬 A는 가로(행)로 나누고, 행렬 B는 세로(열)로 나누어 갑니다. A의 1행째와 B의 1열째에는 같은 수의 요소가 있습니다. 이것을 1개씩 차례로 곱해 더한 것이 C의 1행 1열째의 요소입니다. 이번에는 A의 1행은 그대로 두고, B는 2열에 옮겨 위와 마찬가지로 1개씩 차례로 곱해 더합니다. 이것이 C의 1행 2열째입니다. 계속해서 B의 n열째까지 계산하면 C의 1행째가 완성됩니다.

마찬가지로 A의 2행째에서 행하면, C의 2행째가 완성됩니다. 이런 식으로 계속 끝까지 계산하면 행렬의 곱이 나옵니다.

행렬은 스칼라와 마찬가지로 연산의 법칙이 있습니다.

합의 교환법칙:	$A + B = B + A$
합에 관한 결합법칙:	$(A + B) + C = A + (B + C)$
곱에 관한 결합법칙:	$(AB)C = A(BC)$ 곱의 교환법칙은 일반적으로 성립되지 않는다 : $AB \neq BA$
스칼라배:	a, b를 스칼라로 해서, $(ab)A = a(bA), a(AB) = (aA)B = A(aB)$
분배법칙:	a, b를 스칼라로 해서, $A(B + C) = AB + AC$, $(A + B)C = AC + BC$, $a(A + B) = aA + aB, (a + b)A = aA + bA$
행렬의 전치:	$(A^t)^t = A, (A + B)^t = A^t + B^t, (aA)^t = aA^t, (AB)^t = B^t A^t$

역행렬이란?

여기서 또 하나 반드시 기억해두어야 하는 게 있습니다.
바로 '**역행렬**'입니다!

아래의 행렬식을 보세요. 행렬 A와 행렬 B의 곱셈입니다.
이 두 행렬의 곱의 답, 왠지 본 기억이 있지 않나요?

$$\overset{\text{행렬 }A}{\begin{pmatrix} 1 & 2 \\ 3 & 4 \end{pmatrix}} \times \overset{\text{행렬 }B}{\begin{pmatrix} -2 & 1 \\ \frac{3}{2} & -\frac{1}{2} \end{pmatrix}} = \begin{pmatrix} 1 & 0 \\ 0 & 1 \end{pmatrix}$$

아, 곱의 답이 '1'에 해당하는 **단위행렬** E(47쪽 참조)가 되었네요!

그래요, 그게 포인트죠! 역행렬의 정의는 다음과 같아요.
즉, 이 행렬 B는 A의 **역행렬** A^{-1}이라고 할 수 있는 거죠.

> 정방행렬 A(행과 열의 수가 같은 행렬)에 대해서
> '$AB=BA=E$(단위행렬)'가 되는 정방행렬 B가 존재할 때
> 'A는 정칙(正則)이다'라고 합니다. B를 A의 **역행렬**이라고 하고, A^{-1}라고 씁니다.

이 역행렬은 마치 '역수(逆數)' 같네요.
3의 역수는 $\frac{1}{3}$ 같은…

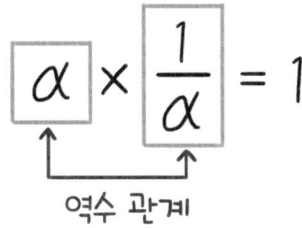

$$\boxed{\alpha} \times \boxed{\frac{1}{\alpha}} = 1$$

역수 관계

음~ 그렇군요. 이 역행렬은 여러 상황에서 사용하는 아주 중요한 행렬이에요.
이걸 잊으면 카레를 만들었는데 밥이 없는 상황처럼 곤란하니까요!
꼭 기억해두세요.

3. 행렬을 이용해서 연립 일차 방정식을 지혜롭게 푼다

◆ 연립방정식을 깔끔하게 정리한다

예를 들어 **미지수** $x_1, \ldots, x_n$에 대해서 이런 연립방정식이 있다고 가정해보죠.

$$\begin{cases} a_{11}x_1 + a_{12}x_2 + \ldots + a_{1n}x_n = b_1 \\ a_{21}x_1 + a_{22}x_2 + \ldots + a_{2n}x_n = b_2 \\ \vdots \\ a_{n1}x_1 + a_{n2}x_2 + \ldots + a_{nn}x_n = b_n \end{cases}$$

음… **변수**가 n개, **식**이 n개니까 아마 풀리겠지만… 귀찮아. 생각하고 싶지 않아…

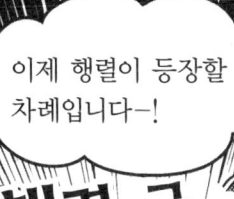

이제 행렬이 등장할 차례입니다-!

행렬 군

이 n개의 연립방정식을 **행렬**로 나타내볼게요.

어머! 하나의 방정식이 되었네요!

$$A = \begin{pmatrix} a_{11} & a_{12} & \ldots & a_{1n} \\ a_{21} & a_{22} & \ldots & a_{2n} \\ \vdots & \vdots & \ddots & \vdots \\ a_{n1} & a_{n2} & \ldots & a_{nn} \end{pmatrix}, \quad \vec{x} = \begin{pmatrix} x_1 \\ x_2 \\ \vdots \\ x_n \end{pmatrix}, \quad \vec{b} = \begin{pmatrix} b_1 \\ b_2 \\ \vdots \\ b_n \end{pmatrix}$$

라고 생각하면… $\boxed{A\vec{x} = \vec{b}}$ 로 나타낼 수 있다!

오!? 깔끔해졌다! n개의 식이 단 하나의 식이 되다니!

여기서, 앞에서 나온 **역행렬**을 사용하는 거예요!

연립방정식을 풀 때 **역수**를 사용하는 것과 같은 순서군요.

오오! 정말 **연립 일차 방정식의 해**※가 아주 쉽게 구해졌네요~!

$$\boxed{3x = 6}$$

양변에 3의 역수, $\frac{1}{3}$ 를 곱하면…

⬇

$$\boxed{x = 2}$$

$\underline{A}\,\underset{\sim}{\vec{x}} = \underset{\sim}{\vec{b}}$
행렬   벡터 (상수에 해당함)

양변에 A의 역행렬 A^{-1}을 곱하면…

⬇

$$\vec{x} = A^{-1}\vec{b}$$

※역행렬 A^{-1}을 구하는 구체적인 계산 방법에 대해서는 68쪽에서 설명합니다.

 용수철과 추에 관한 문제

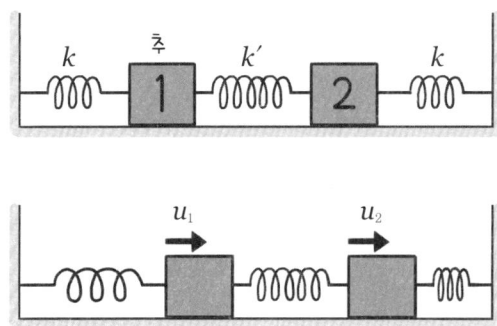

위의 그림과 같이 크기를 무시할 수 있는 추(질량 m) 2개를
용수철(용수철 상수 k, k', k) 3개로 벽에 설치해놓은 계를 살펴보겠습니다.
이 추의 운동을 생각해보세요.
추가 균형을 이루는 위치로부터의 변위를 $u_1(t)$, $u_2(t)$로 합니다.

 아니, 갑자기 문제라니…
음, 물체의 운동이니까 운동방정식을 써야겠네요.
용수철 문제니까 단진동의 식도 생각해내야 하고…

 음~ 그렇네요. 그리고 여기서 중요한 포인트는, 어려울 것 같은 연립방정식을
행렬을 이용해 나타내면 깔끔하고 간단한 하나의 방정식이 된다는 거예요.
다음 페이지 '문제 풀이법'을 참고해주세요.

참고로 이 문제를 더 일반화해서 'n개의 질량 m의 추가 용수철 상수 k인 용수철로 연결되는 계'를 생각할 수도 있습니다.
이것은 결정 속의 원자운동을 기술할 때 흔히 쓰이는 모델입니다.

 **용수철과 추에 관한 문제, 전편**

벽이나 추에 영향을 미치는 힘은

첫 번째 용수철이 왼쪽 벽에 미치는 힘 = −(첫 번째 용수철이 추 1에 미치는 힘) = $ku_1(t)$
두 번째 용수철이 추 1에 미치는 힘 = −(두 번째 용수철이 추 2에 미치는 힘) = $k'\{u_2(t)-u_1(t)\}$
세 번째 용수철이 추 2에 미치는 힘 = −(세 번째 용수철이 오른쪽 벽에 미치는 힘) = $-ku_2(t)$

다음과 같이 쓸 수 있습니다(오른쪽 방향을 양으로 한다는 점에 주의하세요).

여기서 운동방정식 $F = ma = m\dfrac{d^2x}{dt^2}$ 은 다음과 같이 쓸 수 있습니다.

$$m\frac{d^2u_1}{dt^2} = -(k+k')u_1 + k'u_2$$
$$m\frac{d^2u_2}{dt^2} = k'u_1 - (k+k')u_2$$

여기서 추의 변위 $u_1(t)$와 $u_2(t)$가 같은 각진동수 ω에서 진동하는 단진동의 해라고 가정해보겠습니다.

> **단진동의 공식**
> $x(t) = A\cos(\omega t + \theta)$

$$u_1(t) = U_1\cos(\omega t + \alpha)$$
$$u_2(t) = U_2\cos(\omega t + \alpha)$$

$\dfrac{d^2u_1}{dt^2} = -\omega^2 U_1\cos(\omega t + \alpha) = -\omega^2 u_1(t)$, $\dfrac{d^2u_2}{dt^2} = -\omega^2 u_2(t)$ 이므로, 운동방정식은

> **단진동의 가속도**
> $a = -\omega^2 x$

$$-m\omega^2 U_1 = -(k+k')U_1 + k'U_2$$
$$-m\omega^2 U_2 = k'U_1 - (k+k')U_2$$

다음과 같이 바꿔쓸 수 있습니다. 즉,

$$(k+k')U_1 - k'U_2 = m\omega^2 U_1 \quad \cdots\cdots ①$$
$$-k'U_1 + (k+k')U_2 = m\omega^2 U_2 \quad \cdots\cdots ②$$

라는 연립방정식을 풀면 되는 것입니다. 여기서

$$A = \begin{pmatrix} k+k' & -k' \\ -k' & k+k' \end{pmatrix}$$
$$\vec{U} = \begin{pmatrix} U_1 \\ U_2 \end{pmatrix}$$

으로 하면, 이 연립방정식은

$$A\vec{U} = m\omega^2 \vec{U}$$

라는 아주 단순한 식을 풀면 됩니다.

※71쪽 [용수철과 추에 관한 문제, 후편]에서 이 식을 계속 설명합니다.

4. 행렬을 이용해서 변환해보자

◆ 변환하면 이해하기 쉽다

행렬 군은 방정식을 푸는 데 맹활약했는데…

그 밖에도 편리하게 쓰이죠.

그건 바로 행렬로 편리하게 **좌표변환**을 할 수 있다는 거예요!

좌표변환

뚝딱

으음. **좌표**라고 하면 이런 것이죠.

2차원의 **직교좌표**

3차원의 **직교좌표**

각도 θ를 이용하는 **극좌표**

맞아요. 그럼 여기서 다시 자동차를 떠올려주세요~

도로를 달리는 자동차를 좌표상에서 나타낼 때 어떤 좌표계를 쓰는 게 좋을까요?

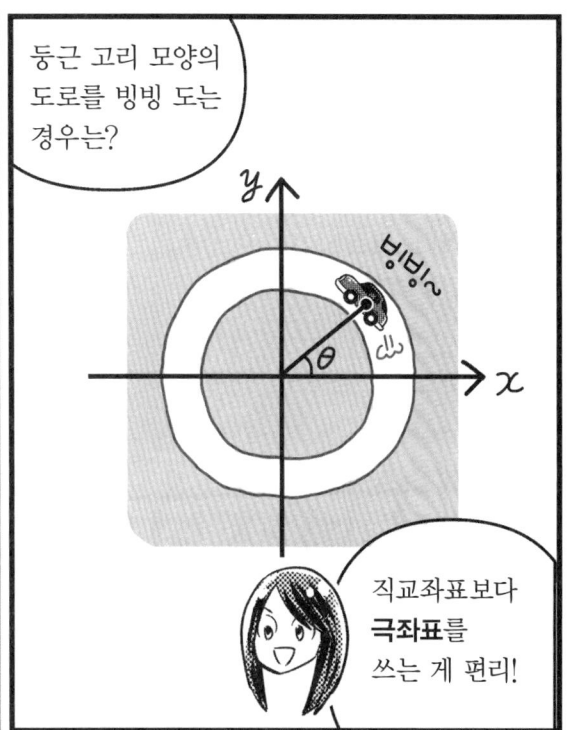
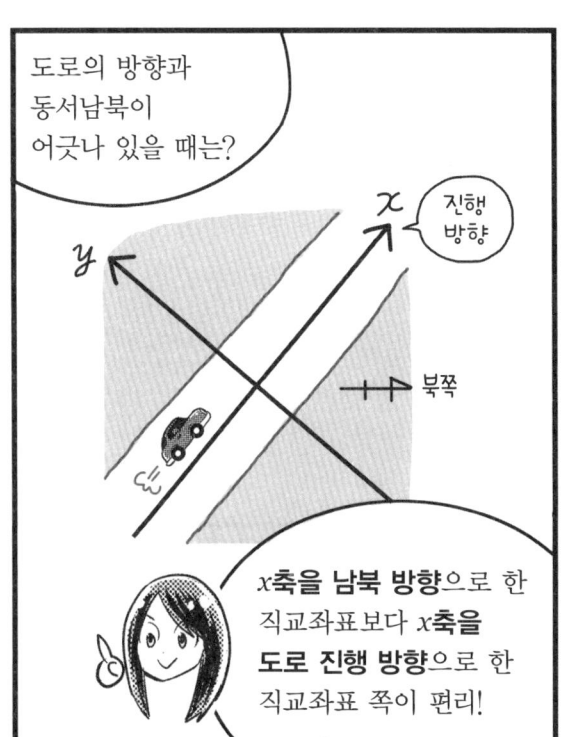

행렬을 이용한 변환 방법

⟨확대·축소⟩

그럼 여기서 행렬을 이용한 변환 방법을 알아보겠습니다.
좌표 평면상에 도형이 있으므로 그 그림 위의 임의의 점을 (x', y')로 나타냅니다.
그림을 **확대·축소**하려면 x축 방향으로 α배, y축 방향으로 β배 합니다.
(α나 β가 1보다 크면 확대가 되고, 1보다 작으면 축소가 됩니다.)

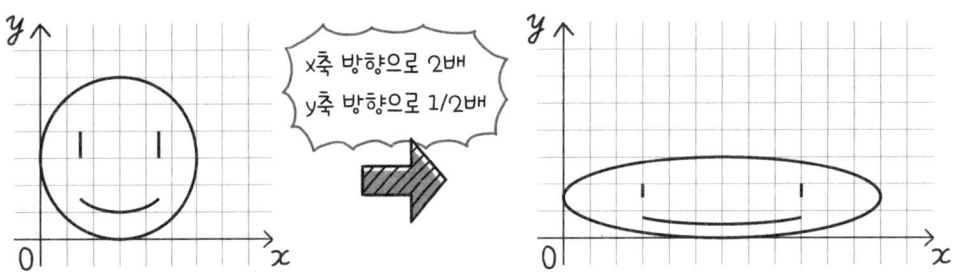

변환 후의 점을 (x', y')로 하면,

$$x' = \alpha x$$
$$y' = \beta y$$

이를 행렬로 쓰면 다음과 같은 식이 됩니다.

$$\begin{pmatrix} x' \\ y' \end{pmatrix} = \begin{pmatrix} \alpha & 0 \\ 0 & \beta \end{pmatrix} \begin{pmatrix} x \\ y \end{pmatrix}$$

⟨회전⟩

이번에는 회전에 대해서 생각해보겠습니다. 각도 θ만큼 회전하는 것으로 합니다.
벡터 (x, y)에서 (x', y')로 변환하면 다음과 같이 바뀝니다.

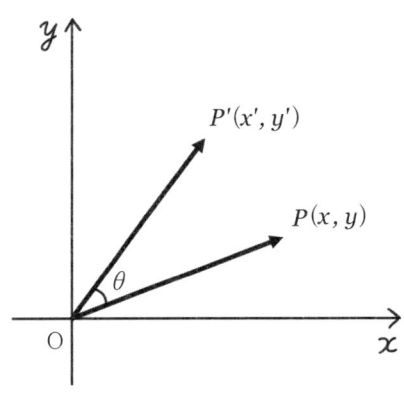

행렬로 쓰면 다음과 같은 식이 됩니다.

$$\begin{pmatrix} x' \\ y' \end{pmatrix} = \begin{pmatrix} \cos\theta \cdot x - \sin\theta \cdot y \\ \sin\theta \cdot x + \cos\theta \cdot y \end{pmatrix} = \begin{pmatrix} \cos\theta & -\sin\theta \\ \sin\theta & \cos\theta \end{pmatrix} \begin{pmatrix} x \\ y \end{pmatrix} \equiv R(\theta) \begin{pmatrix} x \\ y \end{pmatrix}$$

정의한다 / 회전을 나타낸다 / **회전행렬**

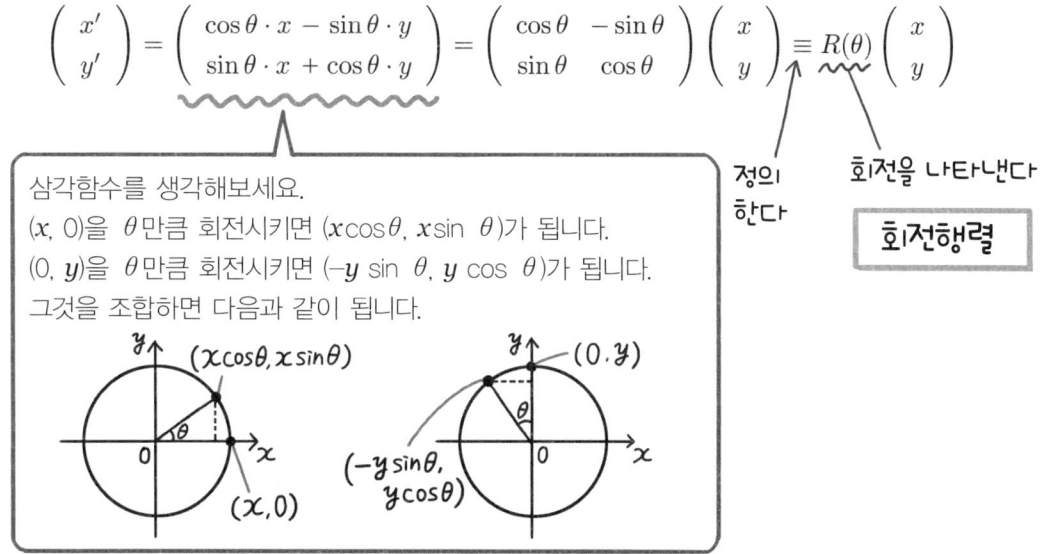

삼각함수를 생각해보세요.
$(x, 0)$을 θ만큼 회전시키면 $(x\cos\theta, x\sin\theta)$가 됩니다.
$(0, y)$을 θ만큼 회전시키면 $(-y\sin\theta, y\cos\theta)$가 됩니다.
그것을 조합하면 다음과 같이 됩니다.

〈좌표축의 회전〉

이번에는 좌표축을 회전시키는 것을 생각해보겠습니다.
아래 그림처럼 'xy 공간'에서 원점 O 주위로 각도 θ만큼 회전시킨 'xy 공간'에 대한 변환을 생각해보겠습니다. 점(x, y)가 새로운 좌표 공간에서는 (x', y')로 나타낼 수 있는 것으로 하겠습니다.

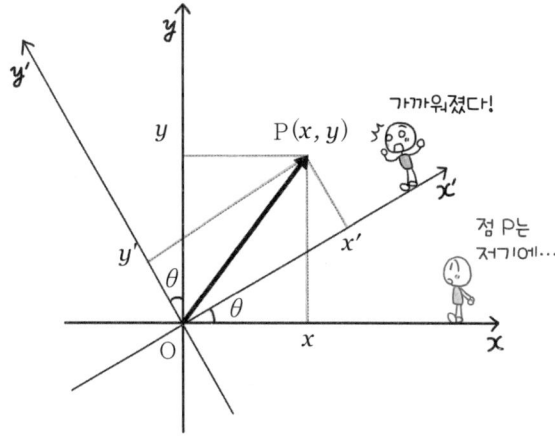

이때 회전하는 좌표축을 타고 점 P(x, y)을 보면 각도 $-\theta$만큼 회전한 것처럼 보입니다. 그러므로 다음과 같은 식으로 쓸 수 있습니다.

$$\begin{pmatrix} x' \\ y' \end{pmatrix} = R(-\theta) \begin{pmatrix} x \\ y \end{pmatrix} = \begin{pmatrix} \cos\theta & \sin\theta \\ -\sin\theta & \cos\theta \end{pmatrix} \begin{pmatrix} x \\ y \end{pmatrix}$$

⟨3차원 회전⟩

3차원의 경우도 마찬가지입니다.
아래 그림처럼 P(x, y, z)를 z축 주위로 각도 θ_z 만큼 회전하는 경우를 생각해보겠습니다.
이 경우 회전 전후에서는 벡터 z 성분의 크기가 바뀌지 않습니다.
xy 평면에 사영(projection)한 벡터가 2차원 공간처럼 회전합니다.

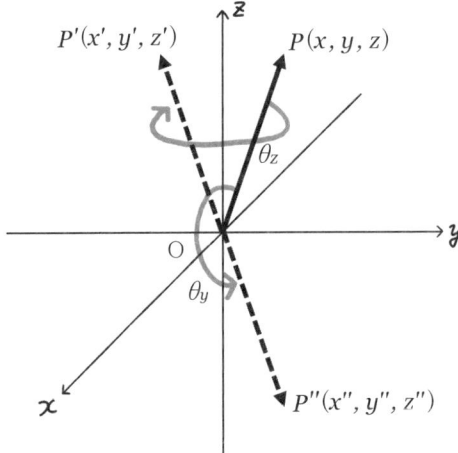

그러므로 다음과 같은 식으로 쓸 수 있습니다.

$$\begin{pmatrix} x' \\ y' \\ z' \end{pmatrix} = R_z(\theta_z) \begin{pmatrix} x \\ y \\ z \end{pmatrix} = \begin{pmatrix} \cos\theta_z & -\sin\theta_z & 0 \\ \sin\theta_z & \cos\theta_z & 0 \\ 0 & 0 & 1 \end{pmatrix} \begin{pmatrix} x \\ y \\ z \end{pmatrix}$$

마찬가지로 y축 주위에 각도 θ_y만큼 회전시킬 경우는 다음과 같이 수식을 전개할 수 있습니다.

$$\begin{pmatrix} x'' \\ y'' \\ z'' \end{pmatrix} = R_y(\theta_y) \begin{pmatrix} x \\ y \\ z \end{pmatrix} = \begin{pmatrix} \cos\theta_y & 0 & \sin\theta_y \\ 0 & 1 & 0 \\ -\sin\theta_y & 0 & \cos\theta_y \end{pmatrix} \begin{pmatrix} x \\ y \\ z \end{pmatrix}$$

이와 같이 **행렬을 사용하면 공간 안의 어디로든 점을 이동시킬 수** 있습니다.

 사상이란?

 앞에서 행렬을 사용한 확대·축소, 회전을 배웠잖아요.
이건 같은 벡터 공간에서 벡터만이 변환되는 것이 아니라, '어떤 벡터 공간에서 다른 벡터 공간으로 변환하는 것'이라고 생각할 수도 있습니다.

※변환 전의 공간도 변환 후의 공간도 공간 내의 모든 점은 벡터로 나타낼 수 있기 때문입니다.

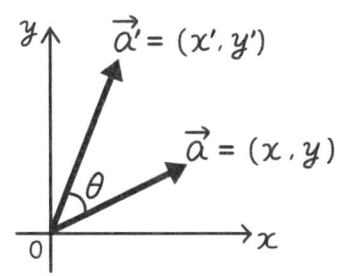 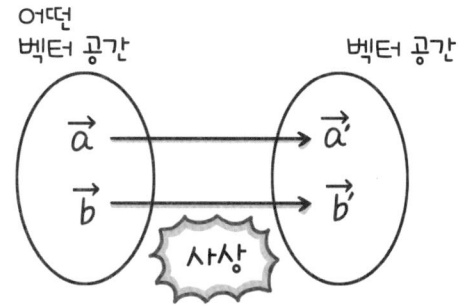

 이런 변환을 '**사상**(대응시키는 관계)'이라고 해요. 위의 그림과 같은 이미지죠.

 으음. 벡터 하나만 바뀐 것이 아니라 벡터 공간 모두가 바뀌었다고 생각할 수 있잖아요. 그리고 사상을 하기 위해서 행렬을 이용한다는 거죠.

 그래요. n차원 벡터 공간을 R^n으로 나타낸다면….
$m \times n$ 행렬은 n차원 벡터 공간을, m차원 벡터 공간에 대한 사상으로서 취급할 수 있어요. 문장이라면 복잡하지만 아래 그림을 보면 이해하기 쉬울 거예요.

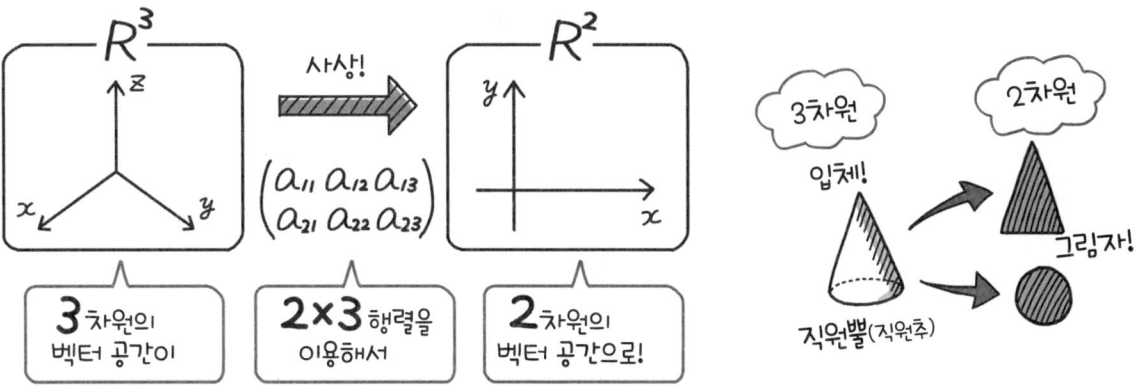

 오오~ 변환 전과 변환 후의 차원이 다를 수도 있는 걸까.
이것은 뭔가 입체 그림자는 '3차원 공간의 입체에서 2차원 공간에 대한 사상'이라고 파악할 수도 있을 것 같아요. 그림자를 보면 사상을 생각하라는 말이군요.

5. 고윳값·고유벡터로 그 행렬의 정체를 알 수 있다

◆ 고윳값·고유벡터의 의미를 알아두자

이제 오늘의 마지막 주제에 들어가겠습니다.

이제부턴 **고윳값·고유벡터**에 대해서 살펴볼까 해요.

아, 대학 수업시간에 들은 기억이 있어요.

하지만 의미는 잘 모르는데…

그럼, 지금부터 차분히 살펴보자고요.

우선 '**고유벡터**'란 '어느 행렬의 특별한 벡터'라는 의미예요.

넌 나에게 특별한 벡터야!

네? 특별…?

다른 벡터랑 뭐가 다른 거지…

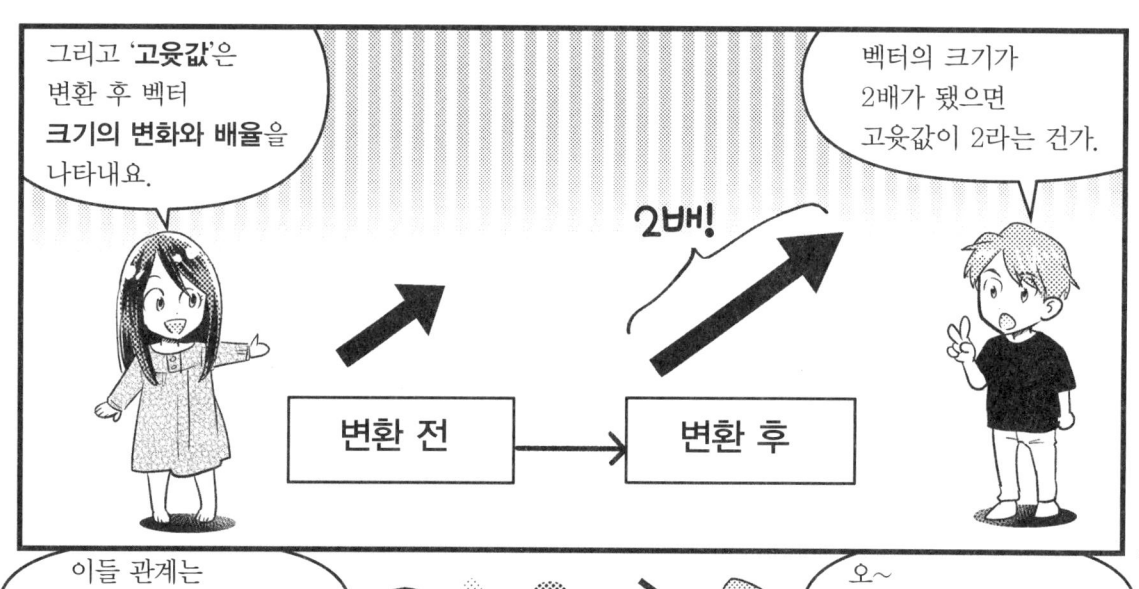

역행렬을 구하는 것은 방정식의 해를 구하는 것

자, 앞에서 다룬 이야기를 반복하자면(55쪽 참조),
앞에서 행렬을 써서 연립방정식을 풀었을 때 해가 이런 형태였어요.

$$\vec{x} = A^{-1}\vec{b}$$

이 '**역행렬** A'을 어떻게 구하면 될지 계산 방법이 궁금하죠?
궁금해서 밤잠을 이룰 수 없을 것 같지 않아요~?

아니, 별로 궁금하지 않은데요!
…어? 그래도 이건 일반적인 연립방정식의 해였잖아요.
혹시 **역행렬을 구하지 못하면 방정식의 답을 얻을 수 없다**는 건가요?
허걱. 그럼 제대로 공부 좀 해야겠는데….

후후훗. 그럼, 지금 바로 역행렬 구하는 방법을 가르쳐줄게요.
'연립방정식'을 푸는 보통 방법과 **가우스-요르단 소거법**이라 불리는 방법이 있는데요.

예를 들어 $\begin{pmatrix} 2 & 3 \\ -1 & 2 \end{pmatrix}$ 이라는 행렬의 역행렬을 구하기 위해서는

$\begin{pmatrix} 2 & 3 \\ -1 & 2 \end{pmatrix} \begin{pmatrix} x_{11} & x_{12} \\ x_{21} & x_{22} \end{pmatrix} = \begin{pmatrix} 1 & 0 \\ 0 & 1 \end{pmatrix}$ 을 만족시키는 $x_{11}, x_{12}, x_{21}, x_{22}$ 를 구하면

되거든요. 구체적으로 어떻게 하면 좋을까요?

사실 **가우스-요르단 소거법**에서는 행렬 $\begin{pmatrix} 2 & 3 \\ -1 & 2 \end{pmatrix}$ 이 단위행렬이 되도록 조작해가지요.

다음 페이지의 그림과 같이 최종 형태가 되면 역행렬을 구할 수 있어요.

시작의 형태

$$\begin{pmatrix} 2 & 3 \\ -1 & 2 \end{pmatrix} \begin{pmatrix} x_{11} & x_{12} \\ x_{21} & x_{22} \end{pmatrix} = \begin{pmatrix} 1 & 0 \\ 0 & 1 \end{pmatrix}$$

⬇ ⬇

최종 형태

$$\begin{pmatrix} 1 & 0 \\ 0 & 1 \end{pmatrix} \begin{pmatrix} x_{11} & x_{12} \\ x_{21} & x_{22} \end{pmatrix} = \begin{pmatrix} \frac{2}{7} & -\frac{3}{7} \\ \frac{1}{7} & \frac{2}{7} \end{pmatrix}$$

단위행렬 / 이 부분은 변하지 않아요. 생략해도 된다. / **역행렬을 얻을 수 있다!**

<실제로 풀어 봅시다>

연립방정식을 푸는 방법   가우스-요르단 소거법

$$\begin{cases} 2x_{11} + 3x_{21} = 1, & 2x_{12} + 3x_{22} = 0 \\ -1x_{11} + 2x_{21} = 0, & -1x_{12} + 2x_{22} = 1 \end{cases}$$

$$\begin{pmatrix} 2 & 3 \\ -1 & 2 \end{pmatrix} \begin{pmatrix} x_{11} & x_{12} \\ x_{21} & x_{22} \end{pmatrix} = \begin{pmatrix} 1 & 0 \\ 0 & 1 \end{pmatrix}$$

다음과 같은 식을 2배

$$\begin{cases} 2x_{11} + 3x_{21} = 1, & 2x_{12} + 3x_{22} = 0 \\ 2x_{11} - 4x_{21} = 0, & 2x_{12} - 4x_{22} = -2 \end{cases}$$

$$\begin{pmatrix} 2 & 3 \\ 2 & -4 \end{pmatrix} \begin{pmatrix} x_{11} & x_{12} \\ x_{21} & x_{22} \end{pmatrix} = \begin{pmatrix} 1 & 0 \\ 0 & -2 \end{pmatrix}$$

다음 식에서 위의 식을 뺀다

$$\begin{cases} 2x_{11} + 3x_{21} = 1, & 2x_{12} + 3x_{22} = 0 \\ 0x_{11} - 7x_{21} = -1, & 0x_{12} - 7x_{22} = -2 \end{cases}$$

$$\begin{pmatrix} 2 & 3 \\ 0 & -7 \end{pmatrix} \begin{pmatrix} x_{11} & x_{12} \\ x_{21} & x_{22} \end{pmatrix} = \begin{pmatrix} 1 & 0 \\ -1 & -2 \end{pmatrix}$$

다음 식을 1/7배

$$\begin{cases} 2x_{11} + 3x_{21} = 1, & 2x_{12} + 3x_{22} = 0 \\ 0x_{11} + 1x_{21} = \frac{1}{7}, & 0x_{12} + 1x_{22} = \frac{2}{7} \end{cases}$$

$$\begin{pmatrix} 2 & 3 \\ 0 & 1 \end{pmatrix} \begin{pmatrix} x_{11} & x_{12} \\ x_{21} & x_{22} \end{pmatrix} = \begin{pmatrix} 1 & 0 \\ \frac{1}{7} & \frac{2}{7} \end{pmatrix}$$

위 식을 1/3배

$$\begin{cases} \frac{2}{3}x_{11} + 1x_{21} = \frac{1}{3}, & \frac{2}{3}x_{12} + 1x_{22} = 0 \\ 0x_{11} + 1x_{21} = \frac{1}{7}, & 0x_{12} + 1x_{22} = \frac{2}{7} \end{cases}$$

$$\begin{pmatrix} \frac{2}{3} & 1 \\ 0 & 1 \end{pmatrix} \begin{pmatrix} x_{11} & x_{12} \\ x_{21} & x_{22} \end{pmatrix} = \begin{pmatrix} \frac{1}{3} & 0 \\ \frac{1}{7} & \frac{2}{7} \end{pmatrix}$$

위의 식에서 아래의 식을 뺀다.

$$\begin{cases} \frac{2}{3}x_{11} + 0x_{21} = \frac{4}{21}, & \frac{2}{3}x_{12} + 0x_{22} = -\frac{2}{7} \\ 0x_{11} + 1x_{21} = \frac{1}{7}, & 0x_{12} + 1x_{22} = \frac{2}{7} \end{cases}$$

$$\begin{pmatrix} \frac{2}{3} & 0 \\ 0 & 1 \end{pmatrix} \begin{pmatrix} x_{11} & x_{12} \\ x_{21} & x_{22} \end{pmatrix} = \begin{pmatrix} \frac{4}{21} & -\frac{2}{7} \\ \frac{1}{7} & \frac{2}{7} \end{pmatrix}$$

위의 식을 3/2배

역행렬!

$$\begin{cases} 1x_{11} + 0x_{21} = \frac{2}{7}, & 1x_{12} + 0x_{22} = -\frac{3}{7} \\ 0x_{11} + 1x_{21} = \frac{1}{7}, & 0x_{12} + 1x_{22} = \frac{2}{7} \end{cases}$$

$$\begin{pmatrix} 1 & 0 \\ 0 & 1 \end{pmatrix} \begin{pmatrix} x_{11} & x_{12} \\ x_{21} & x_{22} \end{pmatrix} = \begin{pmatrix} \frac{2}{7} & -\frac{3}{7} \\ \frac{1}{7} & \frac{2}{7} \end{pmatrix}$$

오오~! '수를 맞추어 빼면' 깔끔하고 시원하게 '0'이 되어 가네요.
가우스-요르단 소거법이란 싹 청소해서 쓸어내는 이미지군요.

행렬식에서 역행렬의 존재를 체크할 수 있다

 가우스-요르단 소거법을 살펴보는 김에 편리한 공식도 알아보겠습니다.
2×2행렬에만 사용할 수 있는, **역행렬을 구하는 공식**이 있거든요.

$$\begin{pmatrix} x_{11} & x_{12} \\ x_{21} & x_{22} \end{pmatrix}^{-1} = \frac{1}{x_{11}x_{22} - x_{12}x_{21}} \begin{pmatrix} x_{22} & -x_{12} \\ -x_{21} & x_{11} \end{pmatrix}$$

> 역행렬을 구하는 공식(2×2행렬만)

매우 편리한 공식이지만…주의할 필요도 있어요.
방정식을 풀어도 해가 없는 경우가 있잖아요?
그렇게 역행렬에도 해가 없는 경우 즉, **역행렬이 존재하지 않는 경우**가 있어요.

 뭐! 이리저리 계산해봐도 답이 없다면 애쓴 보람이 없잖아…!?

 걱정 마세요. 역행렬이 존재하는지 존재하지 않는지 간단히 체크할 수 있거든요!
예를 들면 2×2 행렬의 경우예요. 지금 보여드린 공식의 분수의 분모 '$x_{11}x_{22} - x_{12}x_{21}$'
가 0이 되어 버리는 행렬은 역행렬을 가질 수 없잖아요?
분모가 0이라는 수식은 있을 수 없으니까요.

$$\det A \equiv |A| \equiv x_{11}x_{22} - x_{12}x_{21} \;\;(2\times2\text{ 행렬만})$$

'행렬 A의 행렬식'
이라는 뜻입니다.

★ det A=0일 때
행렬 A는 역행렬을 갖지 않는다.

여기서 위와 같이 정의하면 $\det A$는 이 행렬이 역행렬을 가지는지 아닌지의
지표가 됩니다.
이 $\det A$를 '**행렬식**'이라고 해요.
※영어로는 행렬식을 determinant라고 합니다. '결정하다'는 의미의 영어 determine에서 온 말이죠.

 그렇구나. '$\det A$'가 0이면, 역행렬은 존재하지 않는구나.
'$\det A$'가 0이 아니면, 역행렬이 존재한다는 거군요.

 맞아요♪ 그럼 오늘의 마무리로, 용수철과 추에 관한 문제를 계속해서 풀어 볼까요.
지금 배운 행렬식 det도 쓰면서요!

용수철과 추에 관한 문제, 후편

그럼 전편(57쪽)에서 얻은 '$A\vec{U} = m\omega^2 \vec{U}$'의 식에 대해 알아볼까요.
이 식은 '벡터 U에 행렬에 의한 좌표변환을 더해도 벡터의 방향은 변하지 않는다(크기는 바뀌어도 된다)'는 것을 나타내고 있습니다. 다음과 같은 식으로 생각해보기로 하죠.

$$A\vec{x} = \alpha\vec{x}$$

이런 제로벡터가 아닌 x가 존재할 때 α을 A의 고윳값이라 하고, x는 고유벡터라고 합니다. 하나의 행렬 A에 대해서 고윳값, 고유벡터는 다수 있어도 좋고, 반대로 하나도 없는 경우도 있을 수 있습니다. 추를 용수철로 연결한 문제는 고윳값을 구하는 문제로 귀착되었습니다.
식을 변형해 다음과 같은 식으로 다시 써보겠습니다.

$$(A - \alpha E)\vec{x} = \vec{0}$$

여기서 $E = \begin{pmatrix} 1 & 0 \\ 0 & 1 \end{pmatrix}$는 단위행렬이었습니다. 행렬 $(A-\alpha E)$가 만약 역행렬을 가지면 x가 제로벡터에서만 성립하게 됩니다. 추와 용수철의 계로 가면 추가 모두 전혀 움직이지 않는 경우입니다. 이것도 물론 정답이지만 물리적으로는 즐거운 해는 아닌 거죠….
그러므로 x=0 이외의 해를 가지려면 $(A-\alpha E)$가 역행렬을 갖지 않아야 합니다. 즉, 다음과 같이

$$\det(A - \alpha E) = 0$$
$$(k + k' - m\omega^2)^2 - k'^2 = 0$$
$$k + k' - m\omega^2 = \pm k'$$
$$m\omega^2 = k, k + 2k'$$

두 각진동수에서 해를 갖는다는 것을 알 수 있습니다.
이 두 각진동수에서는 추가 $\cos(\omega t + \alpha)$의 형태로 진동하기 때문에 언제까지고 각진동수나 진폭이 변하지 않는 진동이 계속됩니다. 이걸 이 계(系)의 '기준진동'이라고 합니다.
문제의 앞부분(57쪽)의 ①, ②의 식으로부터, $m\omega^2 = k$일 때는 $U_1 = U_2$가 되고, 추 2개는 추가 1개인 것처럼 같은 방향으로 늘 움직입니다.
한편 $m\omega^2 = k + 2k'$일 때는 $U_1 = -U_2$이 되어, 추 2개는 좌우 대칭으로 바짝 붙었다가 멀어졌다가 합니다. 그래도 추 2개의 무게 중심(추 2개를 잇는 선분의 중점)은 움직이지 않고 진동하게 됩니다.
이 계(系)의 기준진동 이외의 임의운동은 이 두 기준진동을 합친 형태가 됩니다.

※추가 움직이는 이미지는 다음 페이지에서 소개합니다.

 휴~ 겨우 끝까지 풀었어요~! 이 용수철과 추에 관한 문제는 최종적으로는 '**고윳값**(여기서는 $m\omega^2$)을 구하는 문제'로 귀결되는군요.

그리고 고윳값을 알게 되니까 **추가 어떤 운동을 하는가** 하는 물리현상이 밝혀지네요!

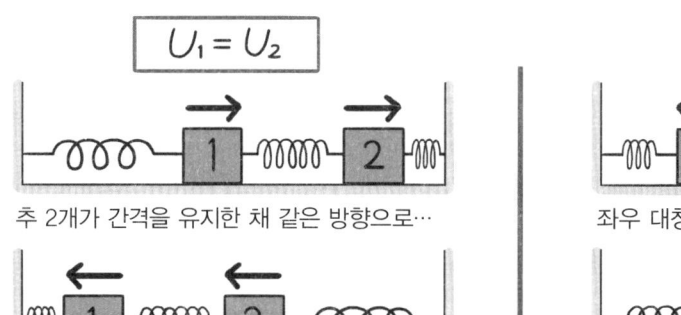

추 2개가 간격을 유지한 채 같은 방향으로…

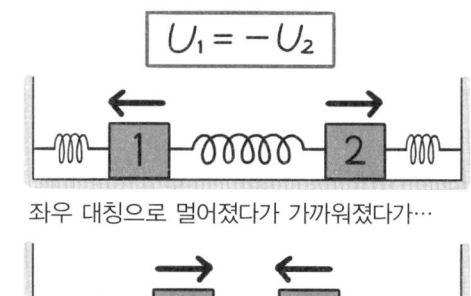

좌우 대칭으로 멀어졌다가 가까워졌다가…

 그렇죠. 행렬에 의해서 연립방정식이 간단해지고, 그리고 고윳값을 구하면 물리현상이 밝혀져요.
오늘은 '여러 **연립방정식**을 풀 때는 행렬을 사용하면 편리하다'는 이야기를 했습니다. 이 방법은 추 여러 개와 용수철이 연결된 결정 모형의 문제를 풀 때도 편리해요.

여기서 나온 '행렬의 개념, 특히 **고윳값**의 개념'은 양자역학에서도 굉장히 많이 도입하고 있어요.

📝 고윳값의 개념과 양자역학

양자역학에서는 '입자는 파동이기도 하다'라는 개념이 있습니다. 앞에서 나온 추의 흔들림도 파동이라고 생각할 수 있습니다. '정상적인 파동이 있다는 것은 입자가 정상적으로 존재한다'는 것이므로 양자역학에서는 흔히 정상적인 파동을 찾습니다.

예를 들어 해밀토니안(해밀턴 연산자)이라 불리는 연산자 H를, 파동함수 ψ에 취해주면 그 파동함수의 에너지 E가 나옵니다. 이것은 바로 행렬과 그 고윳값이 같은 것입니다.

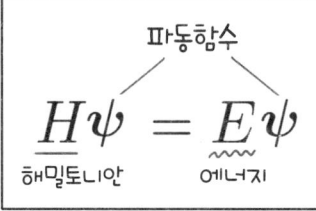

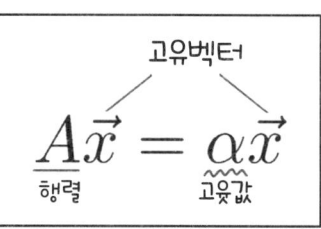

제 3 장

1변수함수의 미분적분

1. 드라이브로 느끼는 미분적분

미분과 도함수

그럼 **미분**을 고등학교 수학 수준으로 복습하기로 해요. 아래 그래프를 보세요.
이건 '시각 t'에 대한 '자동차 위치 $x(t)$'를 그래프로 나타낸 거예요.
시각 t가 지나면서 자동차의 위치 x도 변하고 있잖아요.

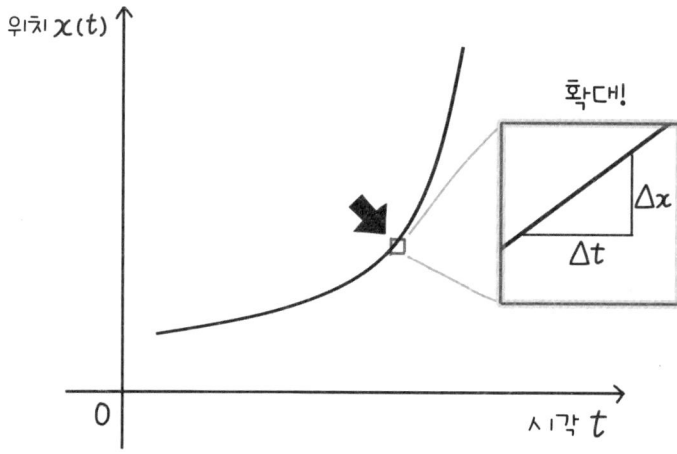

그러니까 변수 t에 따라 x값이 정해지는 **함수** $x(t)$가 된다는 말이군요.
그런데 줌을 한 곳의 Δt나 Δx는 대체 뭐예요?

그래요. 중요한 건 바로 그거예요! 지금부터 1분뿐만 아니라 1초보다 훨씬 짧은 '**극히 짧은 미소 시간의 평균속도**(물체의 빠르기와 운동 방향을 알려주는 물리량)'에 대해서 알아볼까요.
미소량을 나타내는 데는 Δ(델타)를 사용해요.
미소 시간을 'Δt'로 한다면 다음과 같이 나타낼 수 있죠.

〈어떤 시각 t에서 미소 시간 Δt만큼 경과한, 시각 $t+\Delta t$까지 사이의 평균속도를 구한다!〉

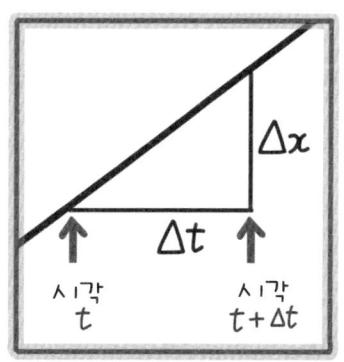

측정하는 시간의 폭은 $t+\Delta t - t = \Delta t$가 됩니다.
그 사이 자동차의 위치 변화는
$\Delta x = x(t+\Delta t) - x(t)$이라고 쓸 수 있습니다.
그러므로 Δt 사이의 평균속도를 나타내는 식은 다음과 같습니다.

$$\frac{\Delta x}{\Delta t} = \frac{x(t+\Delta t) - x(t)}{\Delta t}$$

음, 정말 그렇게 되겠네요.

여기서 궁극의 '**어느 한 순간의 속도**'를 생각해보기로 해요.
정말 극한까지 다가가는, 아주 짧은 시간이라면 '평균속도'가 아니라 '속도'라고 할 수 있어요.

그렇구나….
근데 그런 짧은 시간을 어떻게 나타내면 좋을까요…?

요컨대 측정하는 **시간의 폭** Δt를, **0에 한없이 가까워지게** 하면 돼요.
수학적*으로 쓰면 이렇게 되죠!
※83쪽에서 자세히 설명합니다.

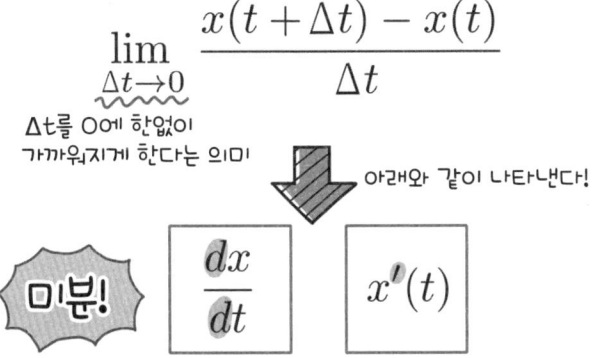

아! 역시 본 적이 있는 것 같아요.
d나 $'$는 **미분**을 나타내잖아요!

네. 그리고 이것들을 '$x(t)$의 t에 의한 도함수'라고 부르죠.

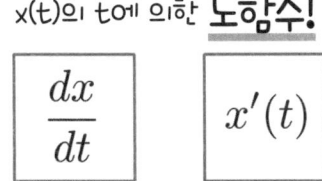

즉, 함수를 미분해서 구할 수 있는 것이 '**도함수**'라는 거군요.

그래요! 그리고 도함수는… **원래 함수 어느 한 점에서 보는 '접선의 기울기**'를 나타내요.
다음 페이지의 그래프를 보면 의미를 이해하기 쉬울 거예요.

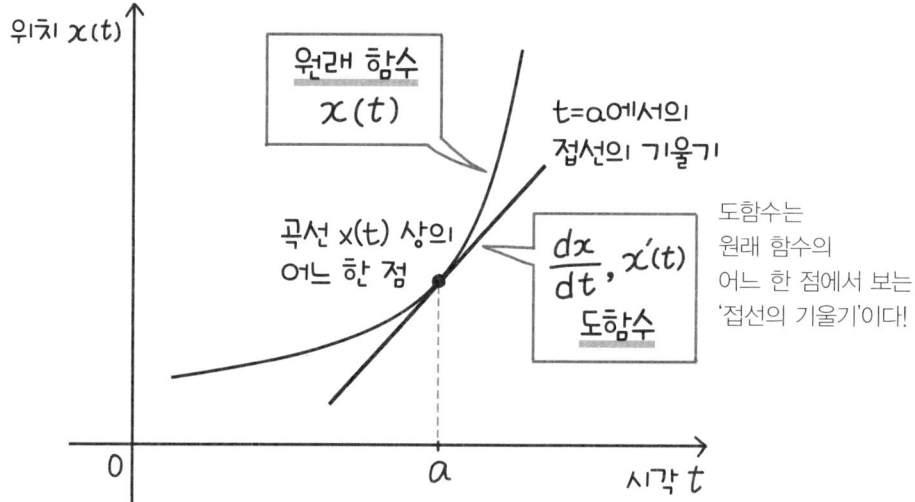

 아, 고등학교에서 배운 게 떠올랐어요. 아래 그래프처럼 접선이 기울어진 정도에 따라 그때의 **변화 비율**을 알 수 있었잖아요.
이번 경우는 '시각 t'에 대해서, 위치 x가 어느 정도 변화하는가를 보는 변화의 비율입니다. 요컨대 이 **도함수**가 있으면 '어느 한 순간의 속도'를 구할 수 있는 거죠.

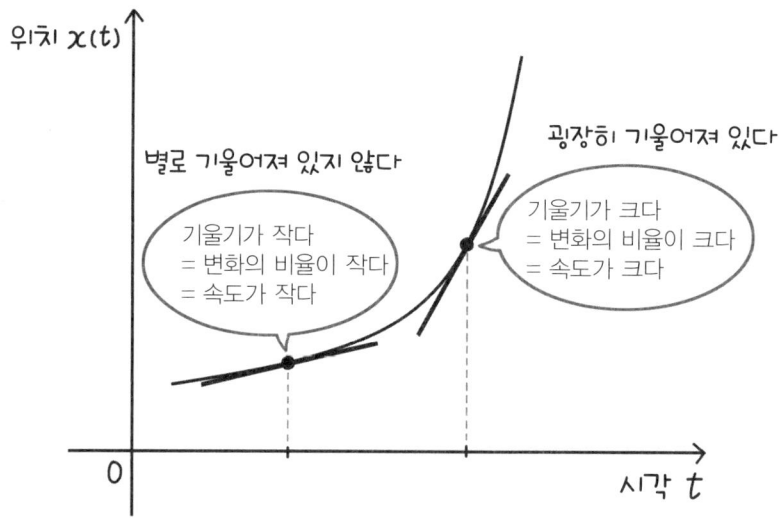

 음. 기억 상실됐던 뇌가 회복됐나 봐요! 지금까지의 이야기를 정리해보면…
'$x(t)$를 t로 **미분**'하면 '$x(t)$의 t에 의한 **도함수**'를 구할 수 있어요. 이 도함수는 기울기를 나타내고 있어 $x(t)$의, t에서의 변화의 정도를 살펴볼 수 있지요.

참고로, 't(**시각**)**로 미분**'하면 '단위 시간당, 변화의 정도'와, '시간이 갈수록 어떻게 변화하는가' 알 수 있어 매우 편리해요.
't로 미분'하는 일은 굉장히 많아요. 뒤에서도 설명할게요(91쪽 참조).

도함수의 수학적 의미

그럼 여기서 '**도함수**'에 대해서 좀 더 자세히 살펴보기로 해요.
좀전의 예(81쪽 참조)에서는 Δt를 0에 가까워지게 하면 Δx도 점점 0에 가까이 갔잖아요.
여기서 Δt과 Δx의 비가 **일정한 값**에 가까이 가는 경우를 생각해볼까요.

아아, 확실히…
어느 일정한 값에 한없이 가까워지는 것을 '**수렴한다**'라고 하잖아요.

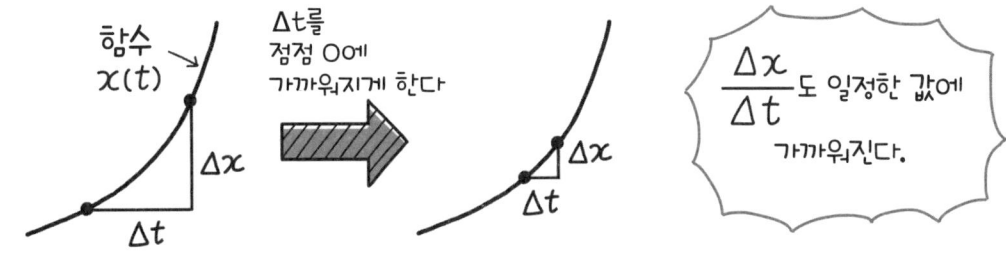

네. 수학적으로 쓰면 좀 전에 보았던 아래의 식 ①이 유한한 값을 갖게 되죠.
이런 경우 '함수 $x(t)$는 t로 미분 가능하다'고 할 수 있는 거예요!

$$\lim_{\Delta t \to 0} \frac{x(t+\Delta t) - x(t)}{\Delta t} \quad \cdots ①$$

이 식 ①은 'Δt를 0에 한없이 가까워졌을 때의 값'='**극한**'을 나타내요.
즉, 극한이 유한한 값을 갖는 (극한값을 갖는다) 경우는 **미분할 수 있는** 거죠.

미분 가능하다는 의미는 미분할 수 없는 경우도 있다는 거군요.
'미분할 수 없다'는 것은 '도함수를 구할 수 없다'는 건가.

잘 이해한 것 같네요, 바로 그거예요!
도함수가 언제든지 존재한다고는 할 수 없거든요.
어떤 경우에 미분할 수 없는지 다음 페이지에서 설명할게요.

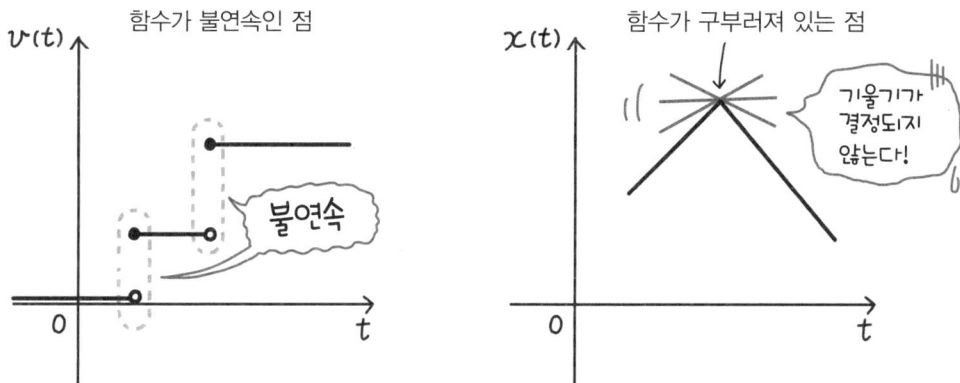

위의 그래프와 같이 함수가 불연속인 점, 함수가 구부러져 있는 점 등에서는 **미분할 수 없어요.**

앞의 식 ①을 정의할 수 없거나 발산하거나 0에 가까워지는 방향에 따라 값이 하나의 의미가 아닌 경우가 있기 때문이에요. 참고로 **발산**은 값이 무한히 커지거나 작아지거나 해서 수렴하지 않는다는 것을 말합니다.

음. 미분해서 도함수를 구하는 데는 조건이 있다는 거군요.

또한 식 ①은 극한을 취하고는 있지만, 원래는 분수 형태로 되어 있잖아요?
아래 그래프처럼 '삼각형의 높이/밑변'이 되어 있으므로, 도함수값은 원래 함수의 '**기울기**'가 돼요. 이것이 도함수의 수학적 의미예요.

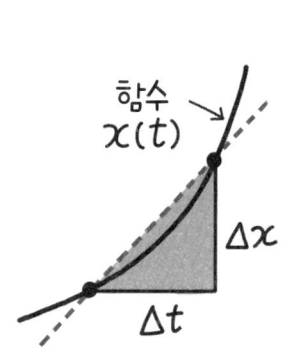
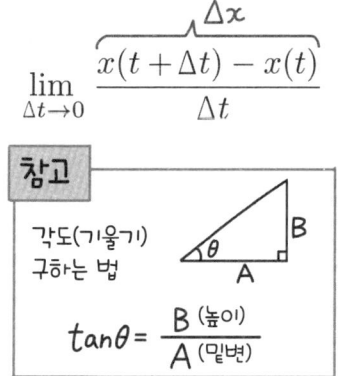

그렇구나. 미분이나 도함수와는 오랜 만남이 될 테니까 극한값이라든가 수렴이라든가, 몇 가지 의미도 정확히 생각해두는 게 좋겠네요.

그렇죠. 도함수인 만큼 동감입니다~!

차원을 확실히 의식하자

여기서 질문 한 가지 할게요.
정민 씨는 '**차원**'과 '**단위**'의 차이를 알아요?

단위(일본에서는 학점도 단위라고 합니다)… 부족하면 유급….
듣기만 해도 우울해지는 말이네요….

아니, 단위는 대학 학점이 아니라
물리 이야기예요!

아! 그렇다면 음….
차원은 물리량의 관계성을 나타내죠.
예를 들어 속도의 차원은 '길이/시간'이고요.

단위는 양을 표현하는 기준인가.
예를 들어 속도의 단위는 [km/h], [m/s]이고.

차원	단위
속도의 차원은 '길이/시간' LT^{-1}로 나타내기도 한다. length 길이 time 시간	속도의 단위는 [km/h] 킬로미터 매시 [m/s] 미터 매초 등…

맞아요! 대단한데요!
물리의 세계에서 차원이나 단위를 의식한다는 건 엄청 중요해요!
사실 미분과 적분을 배울 때도 '**차원**'은 크게 도움이 되거든요.
다음 페이지에서 자세히 설명할게요.

미분 적분을 배울 때 '**차원**'이 어떤 도움이 되는지 살펴보고 넘어갈게요.
좀 전의 도함수를 생각해보세요(83쪽 참조).
도함수는 수학적으로 말하면 '원래 함수의 **기울기**'이고…
위치의 시각에 의한 도함수는 '어느 한 순간의 **속도**'였잖아요.

아, 그러고 보니 극한식을 생각하면….
도함수의 차원이 '속도'='길이/시간'이 된다는 걸 알 수 있군요.

$$\lim_{\Delta t \to 0} \frac{\overbrace{x(t+\Delta t) - x(t)}^{\Delta x}}{\Delta t} \quad \begin{array}{l} \leftarrow \text{위치의 변화(길이)} \\ \leftarrow \text{시간} \end{array}$$

네, 그렇죠!
함수의 **차원**을 잘 생각해보면 '**어느 변수에서, 미분 혹은 적분할지**'를 판단하는 데 도움이 돼요!
구한 물리량의 의미를 생각하는 데도 많은 도움이 되고요.
이런 것을 '**차원해석**'이라고도 하죠.

그렇군요.
차원해석이 가능하면 복잡한 수식이라도 침착하게 생각할 수 있겠네요.
냉정하게 생각하면 좋을 수도!

자, 그럼 미분에 관한 물리량의 변화와 차원을 정리해볼게요.
체크하세요!

원래 함수(차원)	변수(차원)	미분 후의 함수(차원)
위치(길이)	시각(시간)	속도(길이/시간)
속도(길이/시간)	시각(시간)	가속도(길이/시간)
전기량(전기량)	시각(시간)	전류(전기량/시간)

전자기학이나 열역학 등에서는 '변수'가 시각 이외인 것도 있습니다.

미분의 성질과 도함수 구하는 법

어휴, 그나저나 음…
미분을 복습하는 것만으로도 상당히 힘드네요.
고등학교 때 배운 수학도 거의 다 잊어버려서….

그래서 **미분에 관한 성질**도 정리해뒀어요!
좀 독특할지도 모르지만 익숙해질 거예요.

- 두 함수의 합의 미분

$$(af(x) + bg(x))' = af'(x) + bg'(x) \quad (a, b는 상수)$$

- 두 함수의 곱의 미분

$$(f(x)g(x))' = f'(x)g(x) + f(x)g'(x)$$

- 합성함수의 미분

$$z = f(y), y = g(x) \text{ 일 때}, \quad (f(g(x)))' = f'(g(x))g'(x)$$

$$\frac{dz}{dx} = \frac{dz}{dy}\frac{dy}{dx}$$

- 역함수의 미분

$$y = f(x)\text{의 역함수}, = y = f^{-1}(x)\text{에 대해서}$$

$$y = f^{-1}(x) \, (x = f(y)) \text{ 일 때}$$

$$\frac{dy}{dx} = \frac{1}{\frac{dx}{dy}}$$

오~. '합성함수'나 '역함수'의 미분은 좀 헷갈릴 것 같은데, **미분은 원래 나눗셈**이었다는 걸 생각하면 이해할 수 있겠어요.

다음 페이지에 도함수 구하는 문제를 준비했어요.

그럼, 한 예로 $f(x)=x^2$인 도함수를 구해 볼까요.
x가 Δx만큼 변화했을 때

$$f(x+\Delta x) = (x+\Delta x)^2 = x^2 + 2x\Delta x + (\Delta x)^2$$

가 됩니다. 그러므로

$$\begin{aligned} f'(x) &= \lim_{\Delta x \to 0} \frac{x^2 + 2x\Delta x + (\Delta x)^2 - x^2}{\Delta x} \\ &= \lim_{\Delta x \to 0} \frac{2x\Delta x + (\Delta x)^2}{\Delta x} \\ &= \lim_{\Delta x \to 0} (2x + \Delta x) \\ &= 2x \end{aligned}$$

음, 여기서는 함수 $f(x)=x^2$를 변수 x로 **미분**했군요.
그리고 Δx는 한없이 0에 가까워져 가고 마지막에는 $2x$만 남았다는 거죠.

네! 고등학교 수학에서 '도함수를 구하라'고 한 경우에는, 암기한 공식을 썼는지도 몰라요.
하지만 정확히 **도함수의 정의**에 따라 생각하면 이렇게 되는 거예요.

함수 $f(x) = x^n$인 도함수는
공식 $f'(x) = nx^{n-1}$로 구할 수 있다

그러므로 $y = x^2$의 도함수는
$y' = 2x$이다.

아, 고등학교 시절의 나에게 가르쳐주고 싶다.
근데 아무리 가르쳐 줘도 '몰라, 공식만 암기하면 어떻게 되겠지'
라고 할 거야. 그리고 지금에 이를 거고….

정민 씨는 자신한테 냉정한 것 같아요!

2. 한 번 더 미분

◆ 두 번 미분해보자

그럼 수수께끼의 답을 볼까요? 답은 다음과 같아요!
함수 $f(x)$의 도함수 $f'(x)$가 미분 가능한 경우, 미분하면 $f''(x)$를 얻을 수 있습니다.

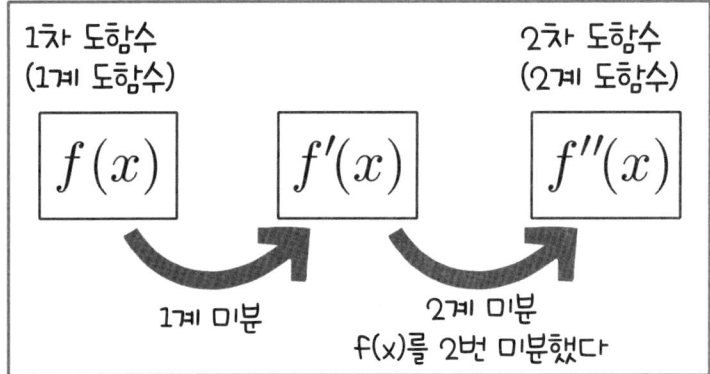

$f''(x)$는, 이걸 **두 번 미분**한 것이므로
$f''(x)$는 '$f(x)$의 **2차 도함수**(혹은 **2계 도함수**)'라고 하지요.

2차 도함수는 그 밖에도 다음과 같은 식으로 나타낼 수 있어요.

$$f''(x), \quad \frac{d^2 f(x)}{dx^2}, \quad \frac{d^2}{dx^2} f(x)$$

그리고 혹시 더 미분할 수 있는 거라면, **미분을 n번 반복**할 수 있다면 함수 $f(x)$를 n번 미분한 함수는 '$f(x)$의 n**차 도함수**(혹은 n**계 도함수**)'라고 해요. 그리고 아래와 같이 쓸 수 있어요.

<n차 도함수>

$$f^{(n)}(x), \quad \frac{d^n f(x)}{dx^n}, \quad \frac{d^n}{dx^n} f(x)$$

그렇구나. 이거라면 몇 번 미분을 했는지 명쾌하네요!

미분으로 연결되는 '위치, 속도, 가속도'의 관계

 여기서 잠깐 자동차 얘기로 돌아가 보기로 하죠.
앞에서 '어느 한 순간의 속도'를 구했을 때는 **무엇을 무엇으로 미분했는지** 기억해요?

 네, 확실히 기억해요. '위치(거리)'를 '시각'으로 미분했죠.

 그렇죠~ (길이/시간)에서 속도의 **차원**과 일치해요.
속도를 알 수 있어 좋지만, 그래도 속도는 시간에 대해서 일정하지는 않잖아요.
액셀을 밟으면 갑자기 속도가 빨라지기도 하니까요.

이처럼 '시간이 흐를수록 속도가 어떻게 변화하는가'를 알고 싶은 경우에는
'속도'를 다시 한 번 '시간'으로 **미분**해 주면 돼요.
이렇게 하면 '단위 시간당 얼마나 속도가 변화했는지'··· 즉 **가속도**를 구할 수 있는 거죠.

 뭐, 다시 한 번 미분!?
아, 그래도 확실히 **가속도**의 차원은 (길이/시간²)이잖아요.
앞에서 표로도 봤는데(86쪽 참조).

 즉, 정리하면 다음과 같은 관계예요.
처음에도 이 그림을 보여줬는데, 이젠 그 의미를 알 수 있겠죠.

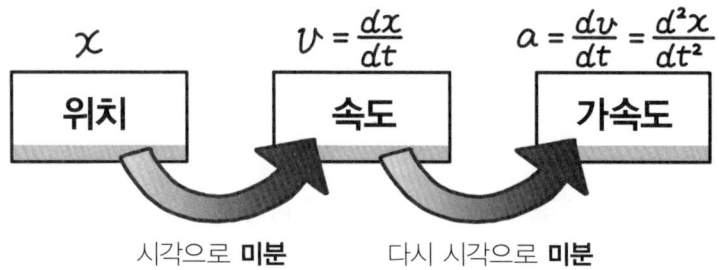

 그런가. 고등학교 때는 '위치(거리)', '속도', '가속도'는 마치 별개의 함수처럼 생각했는데, 이렇게 연결이 되는군요.
사실 **'위치'라는 하나의 함수를 시각으로 미분했을 뿐**이라는 거죠?

 그래요. 자동차가 아니라 던진 공의 포물선 운동 등에서도 똑같아요.
고등학교 때까진 공식을 외워 풀기만 했는지 모르겠지만, 이제는 **'차원해석**'하면서 스스로 **물리량의 관계성**을 생각해보면 좋을 것 같아요!

3. 테일러 전개

복잡한 함수를 간단하게 정리한다

도함수에서 곡선을 직선으로 나타내기

 흐음♪ 자, 공원 땅바닥에 나뭇가지로 곡선을 그려보았어요.
정민 씨, 이 **곡선**을 따라서 걸어 보세요.

 음, 음, 이런 느낌? 뚜벅뚜벅 걸어 보았습니다.

 네! 굽은 길을 걸을 때도 한 발 한 발 똑바로 **직선**으로 걷게 되죠.
정민 씨는 이렇게 걸었어요.

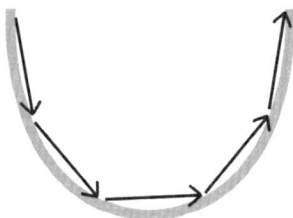

 그 직선을 연결하면 다음과 같아요.
곡선을 직선으로 나타낸 이미지예요.

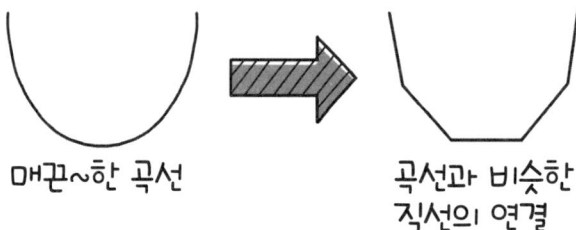

 그렇구나. 엄밀히는 다르지만 대체로 비슷하네요!
좀더 좁은 폭으로 걸으면 더 매끈하게 될 것 같고요.

 자, 여기서 방금 배운 **도함수**를 떠올려보세요.

 음… **도함수**는 원래 함수(곡선) 어느 한 점의 '접선의 기울기'인 거잖아요.

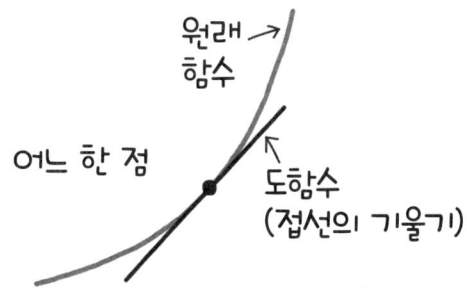

 맞아요. 그럼 이 땅바닥의 곡선을 함수 그래프처럼 만들어 접선의 기울기를 살펴보기로 해요. 그러면 어느 한 점에서 이런 접선이 그려지죠!

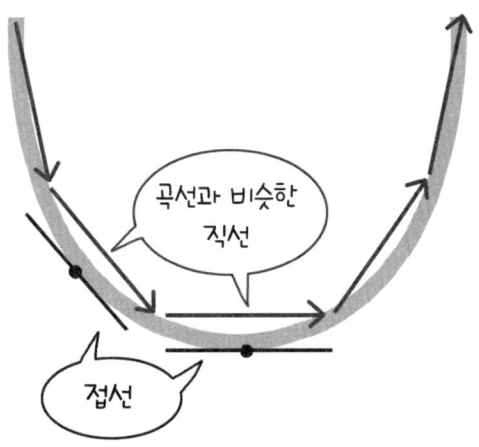

 아! '곡선과 비슷한 직선'과 '접선'이 **같은 기울기**로 되어 있군요.

 그렇지요.
사실 이것은 '**도함수(접선의 기울기)**를 사용하면 **곡선을 직선으로 근사시킬 수 있다**'는 얘기로 연결되는 거죠.

 오오-! 도함수에 **근사**의 의미가 있는 줄 몰랐네!

 그 첫걸음이 되는 게 '**평균값의 정리**'라는 것이에요.
지금부터 자세히 설명할게요~!

 평균값의 정리

> **평균값의 정리**
>
> 함수 $f(x)$가 a, b를 포함한 닫힌구간(폐구간) $[a, b]$에서 연속으로 열린구간(개구간) (a, b)로 미분 가능할 때
>
> $$f(b) = f(a) + f'(c)(b-a)$$
>
> 를 만족시키는 $c(a<c<b)$이 존재한다.

 그럼, '**평균값의 정리**'에 대해서 좀 설명하고 넘어가기로 하죠.
닫힌구간 $[a, b]$는 양끝 a와 b를 포함하는 구간이고,
열린구간 (a, b)는 양끝 a와 b를 포함하지 않는 구간을 말해요.
그 구간에서 선이 끊기지 않고 연속되어 있어 미분 가능할 때, 평균값의 정리가 성립되죠.
즉, 닫힌구간은 '$a \leq x \leq b$', 열린구간은 '$a < x < b$'라는 차이가 있어요.
아래 그림을 보세요.

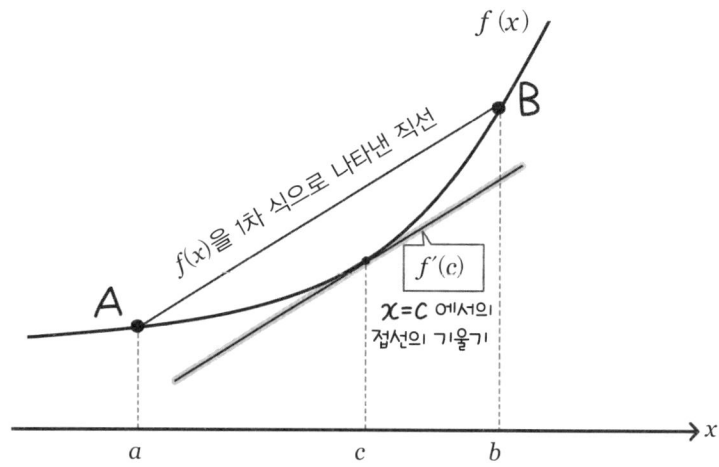

 여기서 주목할 것은 $f(x)$의 곡선상의 A와 B 사이의 구간이에요.
이 **A와 B를 직선으로 연결**하면 **이 구간의 곡선을 '직선으로 나타냈다'**고 할 수 있어요.
굽은 길을 정민 씨가 똑바로 한 걸음으로 걸은 것과 같은 거예요.

그리고 이 직선의 기울기와 **같은 기울기**를 가진 접선을 잡아끌 수 있는 c가 a와 b 사이에 존재하지요.

아, 감각적으로도 알 수 있겠네요. 직선 AB를 아래로 쭉 내려 비켜 놓으면 c 주위에서 접선이 될 것 같은데.

그때 $f(a)$와 $f(b)$, 도함수 $f'(c)$의 관계성을 이 식으로 나타낼 수 있어요.
정말로 이 식이 되는지, 아래 그래프를 보면서 생각해보세요.

$$f(b) = f(a) + f'(c)(b-a)$$

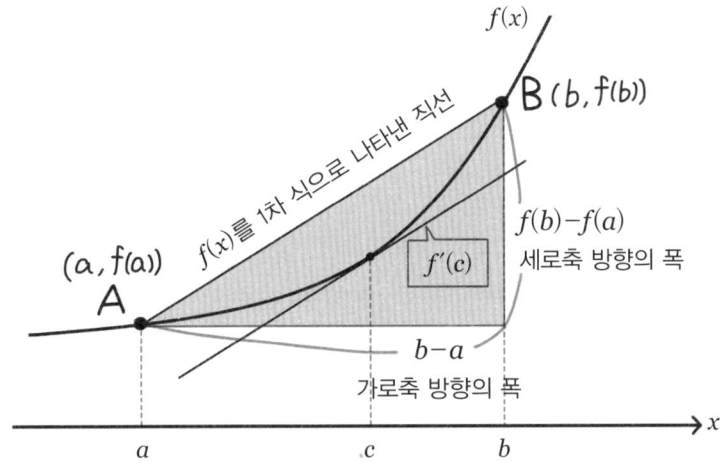

음… '$f(x)$를 1차 식으로 나타낸 직선의 기울기'='$f'(c)(x=c$에서 보는 접선의 기울기)'라는 거잖아요. 함수 $f(x)$ 상의 곡선 AB 구간의 가로축 방향의 폭은 $b-a$이네요. 그리고 세로축 방향의 차는 $f(b)-f(a)$이고요.
즉, 곡선 AB의 **평균 기울기**는 $\dfrac{f(b)-f(a)}{b-a}$ 인 거죠.
삼각형의 '기울기=높이/밑변의 길이'와 같은 요령으로….

식으로 하면, 다음과 같이 되겠죠. 아아, 정말로 처음 식과 같네요!

$\dfrac{\text{세로축 방향의 차이}}{\text{가로축 방향의 폭}} = \text{평균 기울기}$ ⟶ $\dfrac{f(b)-f(a)}{b-a} = f'(c)$ ⎫ 양변에 $(b-a)$을 곱했다

$$f(b) - f(a) = f'(c)(b-a)$$

맨 처음 식 $\boxed{f(b) = f(a) + f'(c)(b-a)}$

 그렇네요. 이들 식이 성립되는 것을 '**평균값의 정리**'라고 해요.
어느 한 구간의 평균 기울기(평균값)와 같은 것이 어느 한 점의 기울기(도함수)로 간단히 나타낼 수 있기 때문에 평균값의 정리라고 하는 거예요.

$$\underbrace{f(b) - f(a)}_{\substack{a\text{에서 }b\text{ 사이의}\\f(x)\text{의 변화}}} = \underbrace{f'(c)(b-a)}_{\text{도함수}}$$

위의 식을 보면 'a에서 사이의 $f(x)$의 변화'는 $f'(c)$를 이용해서 **직선적인 변화로 나타낸 것과 같다**는 것을 알 수 있어요.
곡선을 직선인 1차 식으로 근사시켰다고도 말할 수 있지요.

 그렇구나. 곡선을 직선으로 나타내는 이미지는 이해했어요.
확실히 구불구불한 곡선도 가까이 접근하거나 아주 작게 세분화하면 곧은 직선으로 보이는군요.

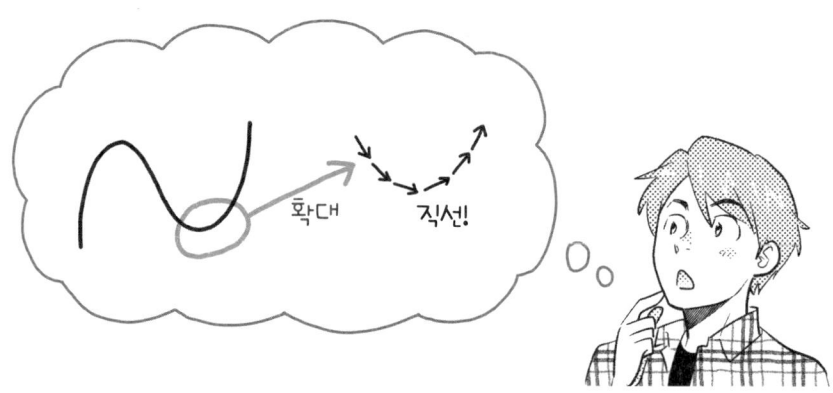

 그렇죠. 아무리 구불구불한 길을 걸을 때에서도 한 걸음 한 걸음 똑바로 걷죠.
아… 왠지 이거 살아가는 데 필요한 교훈 같은데요!?

 **테일러 정리**

 이제 **평균값의 정리**로 곡선을 직선으로 나타낼 수 있다는 걸 알았어요.

평균값의 정리
$$f(b) = f(a) + f'(c)(b-a)$$

 하지만, 여기서 만족해선 안 되겠죠.
더 정확도가 높은 표현 방법이 있으니까요!

 보다 정확도가 높다!? 그게 대체 뭐죠?

 '**고차도함수**'를 쓰면 더 세세하게 $f(x)$의 변화를 나타낼 수 있거든요.

고차도함수
2차 도함수 3차 도함수 등…
$f''(x)$ $f^{(3)}(x)$

그게 '**테일러 정리**'라는 거예요! 잘 보세요!

테일러 정리

함수 $f(x)$가 a, b를 포함한 구간에서 연속으로 n번 미분 가능할 때 다음과 같은 식이 성립된다.

$$f(b) = f(a) + f'(a)(b-a) + \frac{f''(a)}{2!}(b-a)^2 + \cdots + \frac{f^{(n-1)}(a)}{(n-1)!}(b-a)^{n-1} + R_n$$

$$R_n = \frac{f^{(n)}(c)}{n!}(b-a)^n \quad (a < c < b)$$

'잉여항'이라 해서 나머지와 같은 것.

 우와아아아! 뭔가 복잡하고 굉장한데요!!

왠지 이 **테일러 정리**가 갑자기 복잡한 식이 되지 않았어요?
2!이나 $n!$의 의미는 고등학교 수학에서 배웠는데….

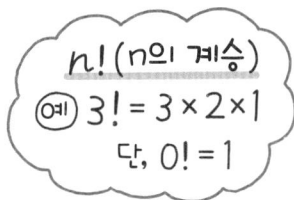

 당황하지 않아도 돼요.
테일러 정리는 평균값의 정리를 바탕으로 해서 **고차도함수를 사용하도록 업그레이드한 것**뿐이니까요.

 그리고 테일러 정리는 식의 형태가 '**다항식**'이 되는 게 특징이에요.

〈테일러 정리〉

$$f(b) = \underbrace{f(a)}_{\text{1항목}} + \underbrace{f'(a)(b-a)}_{\substack{\text{2항목} \\ \text{1차 도함수}}} + \underbrace{\frac{f''(a)}{2!}(b-a)^2}_{\substack{\text{3항목} \\ \text{2차 도함수}}} + \cdots + \underbrace{\frac{f^{(n-1)}(a)}{(n-1)!}(b-a)^{n-1}}_{\substack{n\text{항목} \\ (n-1)\text{차 도함수}}} + R_n$$

 그렇군요. 확실히 고차도함수가 있어서, **항이 계속 이어지는**군요!

 테일러 정리를 알면 '테일러 전개'와 '매클로린 전개'까지 단번에 이해할 수 있을 거예요. 이어서 설명할게요!

테일러 전개식의 형태

 **테일러 전개**와 관계된 것으로 테일러 정리라는 게 있는데요.

만약 $f(x)$가 무한 번 미분이 가능해서, n(미분의 횟수)을 무한대로 할 때 R_n(잉여항)가 0에 수렴한다면….
'테일러 정리'의 b는 **변수 x로 바꿔 쓸 수** 있어요!
그러면 다음 식과 같이 되지요.

테일러 전개

$$f(x) = f(a) + f'(a)(x-a) + \frac{f''(a)}{2!}(x-a)^2 + \cdots + \frac{f^{(n)}(a)}{n!}(x-a)^n + \cdots$$

$$= \sum_{n=0}^{\infty} \frac{f^{(n)}(a)}{n!}(x-a)^n$$

∞는 무한대를 나타내는 기호입니다.

 으~. 언뜻 보면 어렵게 느껴지지만 차분하게 보면 음….
나머지 같은 잉여항은 0에 수렴하니까 생략했군요.
그리고 **합**은 Σ(시그마)를 이용하여 나타낸 거고요.
Σ는 고등학교 수학에서 배웠거든요. 그럽다….

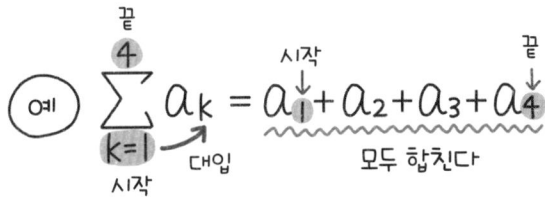

 '항의 수가 무수히 많은 급수'를 **무한급수** 또는 **급수**라고 해요.
그러므로 이 식을
'$f(x)$의 $x=a$인 경우의 **테일러 전개**(혹은 **테일러 급수**)'라고 하는 거예요.

 아아…!
대학 시험에 '테일러 전개를 하라'는 문제가 나오기도 하는데요.
그건 이 테일러 전개식과 같이 항이 계속 이어지는 '다수항 형태의 식으로 만들라'는 의미겠네요.

그래요. '$x=a$인 경우의 테일러 전개', '$x=a$ 근처에서의 테일러 전개', '$x=a$ 주위에서의 테일러 전개' 등 여러 표현이 있는데, 모두 '함수 $f(x)$를 어느 한 점 a 근처에서 **멱급수 형식**으로 한다'는 걸 말하죠.

뒤에서도 다루겠지만 테일러 전개의 우변의 **멱급수**를 사용하면 원래 함수를 **근사시킬 수가** 있거든요.

음. 그건 알지만….
하지만 어느 한 점 a 근처라는 표현이 좀 애매하다고나 할까….

어렵게 생각할 필요는 없어요. 평균값의 정리(96쪽)를 떠올려보세요. 곡선 AB 상의 점 C의 접선과 같은 기울기의 직선으로 곡선 AB를 나타낼 수가 있었잖아요.
여기서 두 점 A, B가 아주 가까운 경우, 이 직선은 곡선 AB를 근사적으로 나타냈다고 할 수 있어요. 즉, **근사로 해서 쓸 수 있는 건 '범위가 한정되고 있다'**는 말이죠.
다음과 같은 이미지거든요.

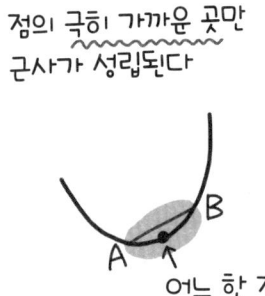

아, 이젠 어떤 느낌인지 알겠어요.
근사시킬 수 있는 범위가 한정되어 있기 때문에, '**어디를 중심으로 해서 전개(근사식을 나타낸다)할 것인가**'를 먼저 결정하는군요.

맞아요. 테일러 전개식에도 반복 $(x-a)$이 나오잖아요.

$$f(x) = f(a) + f'(a)(x-a) + \frac{f''(a)}{2!}(x-a)^2 + \cdots + \frac{f^{(n)}(a)}{n!}(x-a)^n + \cdots$$
$$= \sum_{n=0}^{\infty} \frac{f^{(n)}(a)}{n!}(x-a)^n$$

($(x-a)^0 = 1$이 있다고 생각할 수 있습니다.)

절대값 $|x-a|$는 x와 a의 차를 나타낸 거예요.
그리고 x와 a가 가까울(차가 작을)수록 **정확도가 높은 근사**가 되죠.

음, 근사 가능한 범위는 한정되어 있고, 가까우면 가까울수록 세세해서 좋은 근사라는 것은 알 것 같아요.

지금부터가 중요한 포인트예요! 잘 들으세요.
$|x-a|$가 충분히 작을 때, $(x-a)$의 값은 n이 진행될수록 **점점 작아**지거든요.
이미지가 그려지나요?

음… 충분히 작은 값, 예를 들어 '0.01'이라면….
아래 그림과 같은 느낌으로 확실히 점점 작아지겠네요.

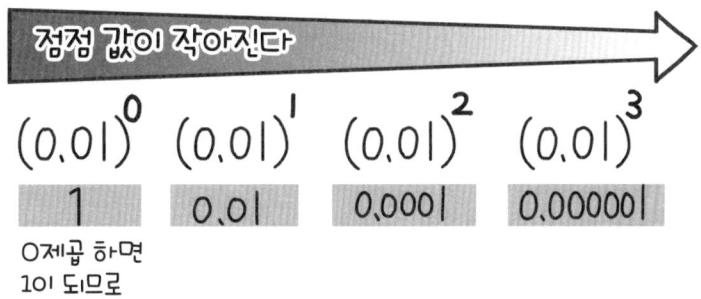

아! 즉, 테일러 전개식도 아래와 같이 **항이 진행될수록(오른쪽으로 갈수록) 값이 작아지**는군요. 말하자면 끝이 가늘어지는 거죠!!

$$\boxed{f(a)} + \boxed{f'(a)(x-a)} + \boxed{\frac{f''(a)}{2!}(x-a)^2} + \cdots + \boxed{\frac{f^{(n)}(a)}{n!}(x-a)^n} + \cdots$$

항이 진행될수록 값이 작아진다 → 매우 작음

끝이 가늘어진다…! 음, 확실히 그런 이미지는 맞는 것 같아요.
그래서 테일러 전개는 무한개 항의 **멱급수**이며 $|x-a|$가 충분히 작을 때는 **항이 진행될 때마다 나타내는 값이 매우 작아**지죠.
이 이미지는 중요하니까 머리에 잘 넣어 두세요.

매클로린 전개식의 형태

 테일러 전개가 이해되면 '**매클로린 전개**'도 자신이 생길 거예요.
앞의 테일러 전개는 '$x-a$'로 해서 전개했잖아요.
이 a가 0일 때에 한해서 **매클로린 전개**(혹은 **매클로린 급수**)라고 해요. 식은 다음과 같습니다.

> **매클로린 전개**
>
> $$f(x) = f(0) + f'(0)\,x + \frac{f''(0)}{2!}x^2 + \cdots + \frac{f^{(n)}(0)}{n!}x^n + \cdots$$
> $$= \sum_{n=0}^{\infty} \frac{f^{(n)}(0)}{n!} x^n$$

 오오~. 정말 테일러 전개를 이해하면 매클로린 전개도 쉽게 알 수 있을 것 같아요!
'고기야채볶음'을 만들 수 있으면 '야채볶음' 만들기는 식은 죽 먹기일 것 같은 느낌. **기본적으로는 같은 음식**이잖아요.

 맞아요. '$x=0$ 근처에서 하는 테일러 전개', '원점 근처에서 하는 테일러 전개'는 **매클로린 전개와 완전히 같은 의미**라고 생각하면 돼요.

 **테일러 전개의 다른 형태**

테일러 전개식은 테일러 정리 b를 **임의의** x로 바꿔쓴 것이었어요(101쪽 참조). 그러나 'x'가 아니라 '$x+h$' 등으로 대체할 수도 있습니다.
테일러 전개식의 x를 $x+h$, a을 x로 한 경우 다음과 같은 식을 얻을 수 있습니다.

$$f(x+h) = f(x) + f'(x)h + \frac{f''(x)}{2!}h^2 + \cdots$$
$$= \sum_{n=0}^{\infty} \frac{f^{(n)}(x)}{n!} h^n$$

이것도 기억해두면 편리해요!

◆ 원하는 곳에서 잘라서, 근사!

$$f(x) = f(0) + f'(0)\,x + \frac{f''(0)}{2!}\,x^2 + \frac{f^{(3)}(0)}{3!}\,x^3 + \cdots\cdots$$

매클로린 전개 — 원래 함수 f(x)를 전개한 것 (쭉 계속된다)

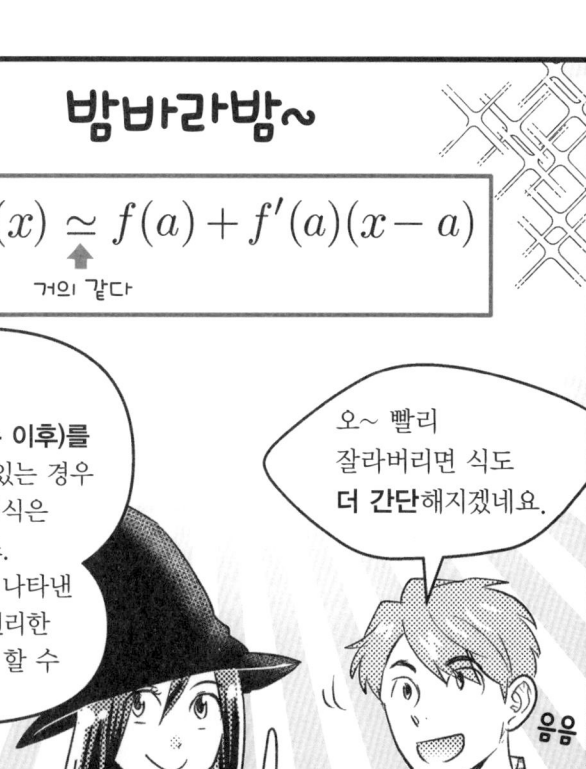

사용법 ① 〈삼각함수 sin의 식을 간단한 식으로 근사시켜보자〉

물리 문제를 풀 때 **물리량이 삼각함수나 지수함수, 로그함수가 되는 일이 흔히** 있어요.
이때 이들 변수를 미분하거나 적분하기가 어려울 때도 있죠.
하지만 식을 **단순한 1차 식이나 다항식으로 근사**시킬 수 있다면 단번에 편해져요!

예컨대 $f(x)=\sin x$를 **매클로린 전개**해 볼까요.

매클로린 전개
$$f(x) = f(0) + f'(0)\,x + \frac{f''(0)}{2!}x^2 + \frac{f^{(3)}(0)}{3!}x^3 + \frac{f^{(4)}(0)}{4!}x^4 + \cdots$$

우선 각 항의 $f(0), f'(0), f''(0) \cdots$에 대해서 생각해 봅시다.

$$f(0) = \sin 0 = 0$$
$$f'(0) = \cos 0 = 1$$
$$f''(0) = -\sin 0 = 0$$
$$f^{(3)}(0) = -\cos 0 = -1$$
$$f^{(4)}(0) = \sin 0 = 0$$
······(이후에도 마찬가지로 반복)

삼각함수 참고
$\sin 0 = 0$
$\cos 0 = 1$

$\sin x \xrightarrow{\text{미분}} \cos x$
$\cos x \xrightarrow{\text{미분}} -\sin x$

그러므로 매클로린 전개식에 적용시켜 생각하면 다음과 같이 됩니다.

0이 있는 계수의 항은 없어진다
$$\cancel{0} + \frac{1}{1!}x + \cancel{\frac{0}{2!}x^2} - \frac{1}{3!}x^3 + \cancel{\frac{0}{4!}x^4} + \frac{1}{5!}x^5 + \cdots$$

$$\sin x = x - \frac{x^3}{3!} + \frac{x^5}{5!} + \cdots$$
$$\simeq x$$

1항째에서 끊어 버린다!

결국 $\sin x \simeq x$라는 아주 단순한 식이 되었어요.

오! 매클로린 전개 결과란 대단하군요.
$x=0$ 근처에서는 '$\sin x$ 값이 x와 대체로 같다'는 건가요!
왠지 엄청 단순…!

간단하고 편리하죠. 더 많은 항을 취했다하더라도 단순한 다항식이니까
원래의 수식 sin을 다루는 것보다도 훨씬 편할 거예요.

그렇군요. 하지만 어느 항에서 끊을 것인지, 즉 **어디까지 근사시켜야 할 것인지** 결단을
내리기 어렵지 않을까요?
정확도가 높은 편이 좋겠지만 간단한 게 편리할 테니까….

아, 그 답은 **때와 경우에 따라** 달라요~!
판단하는 재료는 2가지가 있죠.

하나는 자신이 다루고 있는 함수의 범위가 얼마나 한정되어 있는가(x가 얼마나 작은가)
하는 거예요.
또 하나는 어느 정도의 정확도로 자신이 다루는 함수를 알고 싶은가 하는 거죠.

정확성이라….
정확한 것보다 더 좋은 건 없지만, 예를 들면 자동차가 달린 거리를 생각할 때는 1㎜ 단
위까지 정확하게 몰라도 되잖아요.
정밀 기계 설계 같은 경우에는 1㎜ 차이가 크겠지만….

맞아요! 예를 들면 구하고 싶은 함수가 길이일 경우, 대나무 자로 재느냐, 레이저 측정을
하느냐에 따라 필요한 정확도가 달라지겠죠.
이런 걸 염두에 두고 **다루는 함수를 가능한 한 근사시켜서 말끔하게 해야** 물리의 본질
을 알 수가 있겠죠.

참고로, 여담인데요….
이 매클로린 전개로 알려진 스코틀랜드의 수학자 '콜린 매클로린'은 19세에 애버딘의 매
리셜 칼리지 수학 교수가 되었대요. 정말 대단하죠.

우와~. 나랑 같은 나이네요!

사용법 ② 〈무리수 √2의 계산을 해보자〉

테일러 전개는 예를 들어 $\sqrt{2}$와 같은 **무리수를 계산**할 때도 매우 도움이 됩니다.

우선 $f(x) = \sqrt{1+x}$ 라는 함수를 생각하고 $x=0$ 근처에서 **테일러 전개**를 해보죠.

우선 $f(x), f'(x), f''(x), \cdots$를 살펴보면

$\sqrt{1+x}$를 $(1+x)^{\frac{1}{2}}$과 지수 표기로 해서

$$\begin{cases} f(x) = x^n \\ f'(x) = nx^{n-1} \end{cases}$$

의 미분 공식을 사용합니다.

$f(x) = (1+x)^{\frac{1}{2}}$

$f'(x) = \dfrac{1}{2}(1+x)^{-\frac{1}{2}}$

$f''(x) = -\dfrac{1}{2^2}(1+x)^{-\frac{3}{2}}$

$f^{(3)}(x) = \dfrac{1\cdot 3}{2^3}(1+x)^{-\frac{5}{2}}$

$f^{(4)}(x) = -\dfrac{1\cdot 3\cdot 5}{2^4}(1+x)^{-\frac{7}{2}}$

$x = 0$ 일 때

$f(0) = \sqrt{1} = 1$

$f'(0) = \dfrac{1}{2}$

$f''(0) = -\dfrac{1}{2^2}$

$f^{(3)}(0) = \dfrac{1\cdot 3}{2^3}$

$f^{(4)}(0) = -\dfrac{1\cdot 3\cdot 5}{2^4}$

지수의 분수가 사라지고 간단하게!

그러므로 전개식에 적용해 생각하면 다음과 같이 됩니다.

$$f(x) = \sqrt{1+x} = 1 + \frac{1}{2}x - \frac{1}{2^2 2!}x^2 + \frac{1\cdot 3}{2^3 3!}x^3 - \frac{1\cdot 3\cdot 5}{2^4 4!}x^4 + \cdots$$

이 $f(x)$에 $x=1$을 대입하면 $\sqrt{2}$의 근삿값을 얻을 수 있습니다.

1항목까지의 합	1	$= 1$
2항목까지의 합	$1 + 0.5$	$= 1.5$
3항목까지의 합	$1 + 0.5 - 0.125$	$= 1.375$
4항목까지의 합	$1 + 0.5 - 0.125 + 0.0625$	$= 1.4375$
5항목까지의 합	$1 + 0.5 - 0.125 + 0.0625 - 0.0390625$	$= 1.3984375$

실제 $\sqrt{2}$의 값은 1.4142…입니다.
정확도가 두 자릿수 정도로 좋을 경우, **3항목**까지의 계산으로 충분히 $\sqrt{2}$의 대용이 생기는 거죠.

오! $\sqrt{2}$를 $f(x) = \sqrt{1+x}$라고 생각해두고 나중에 $x=1$을 대입해가다니 재미있는 방법인 것 같아요.
테일러 전개는 이렇게도 사용할 수 있군요.

테일러 정리 사용법을 두 가지 정도 소개했는데요.
마지막으로 **만유인력에 관한 문제**를 준비했습니다.

> **문제: 만유인력에 의한 위치 에너지의 문제**
>
> 질량 m의 질점을 지면의 높이 h에서 자유낙하(초기 속도가 0인 상태로 지상을 향해 낙하하는 물체의 운동)시키는 것을 생각해보겠습니다.
> 지면에 도달했을 때 질점이 얻는 운동 에너지를 계산해보기로 하죠.
> 다만, 공기 저항 등은 무시합니다.
>
> ※질점(質點)이란 역학적으로 질량을 갖고 있으면서 부피가 없는 물체를 의미합니다. 역학운동을 단순하게 생각하기 위한 가상의 물체입니다.

어? 이 문제는 간단하네요.
고등학교 물리에서 배운 대로 운동 에너지와 위치 에너지의 합계는 일정하잖아요.
즉, '운동 에너지 = 잃어버린 위치 에너지'를 구하면 되는 거니까요.
높이 h와 질량 m을 알 수 있다면 고등학교 교과서에도 나오는
'중력에 의한 위치 에너지의 식'에 적용시키기만 하면 되는 거 아니에요?

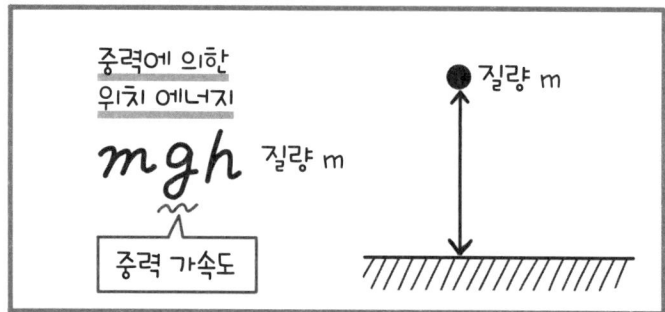

중력에 의한 위치 에너지
mgh (중력 가속도), 질량 m

아니, 그 공식은 일단 제쳐두고 여기서는 만유인력으로 생각해보기로 해요.
'만유인력에 의한 위치 에너지의 식'을 사용하는 거예요.

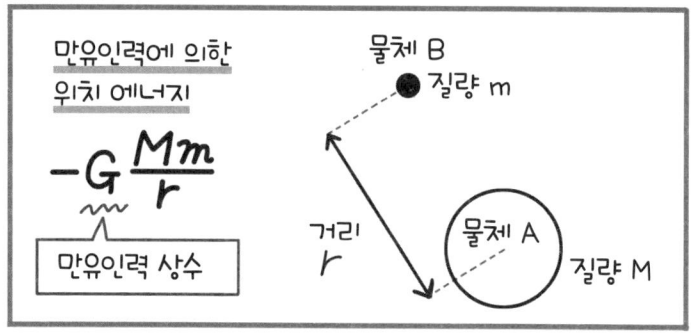

만유인력에 의한 위치 에너지
$-G\dfrac{Mm}{r}$ (만유인력 상수)
물체 B 질량 m, 거리 r, 물체 A 질량 M

 ## 만유인력에 의한 위치 에너지의 문제

지금 지구가 질점을 만유인력으로 끌어당겨서 질점의 위치 에너지를 만들어 내고 있습니다.

지구의 질량을 M, 반지름을 R로 하면, 지구의 중심에서 거리 r의 위치에 있는 질량 m의 질점이 가진 만유인력에 의한 위치 에너지 $U(r)$는 다음과 같이 쓸 수 있습니다.

$$U(r) = -G\frac{Mm}{r}$$

여기서 G는 만유인력 상수(중력 상수라고도 한다)입니다. 질점이 지면에 도달했을 때 얻는 운동 에너지 = 잃어버린 위치 에너지는 다음과 같은 식이 됩니다.

$$U(R+h) - U(R) = GMm\left(\frac{1}{R} - \frac{1}{R+h}\right)$$

그런데 지구의 반지름 R은 약 6000km입니다. h는 때와 경우에 따라 다르지만, 고작 수 m일까요?

가령 국제 우주 정거장에서 떨어뜨린다고 가정해도 국제 우주 정거장의 고도는 약 400km로 지구 반지름의 15분의 1 정도밖에 되지 않습니다. 그러므로 $R \gg h$라고 생각할 수 있고, 테일러 전개를 이용해 근사시킬 수 있습니다. 흔히 생각하는 만유인력은 아래의 왼쪽 그림과 같은 느낌이지만, 여기서는 아래의 오른쪽 그림과 같은 느낌입니다.

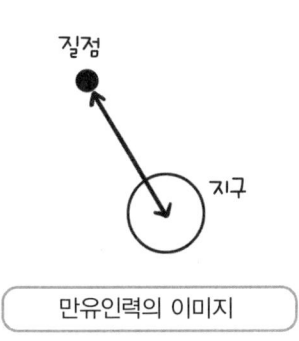

만유인력의 이미지

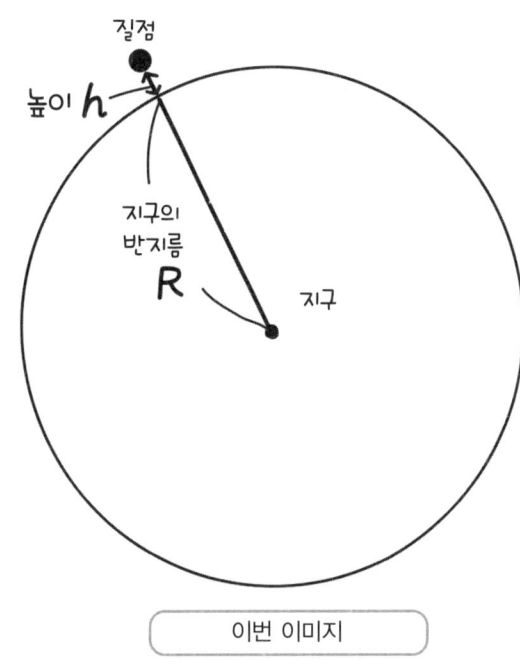

이번 이미지

그럼 $U(R+h)$에 대해서 **테일러 전개**를 해 볼까요.

$$U(R+h) = U(R) + U'(R)h + \frac{U''(R)}{2!}h^2 + \cdots$$
$$= -GMm\left(\frac{1}{R} - \frac{1}{R^2}h + \frac{1}{R^3}h^2 + \cdots\right)$$

테일러 전개에 대한 보충

여기서는 $U(R+h)$이므로, $f(x+h)$의 식(104쪽 참조)을 이용하면 좋을 것입니다.

$$f(x+h) = f(x) + f'(x)h + \frac{f''(x)}{2!}h^2 + \cdots$$

$f(x), f'(x), f''(x)$와 같이 $U(r)$의 미분을 생각해보기로 해요. $U(r) = -G\frac{Mm}{r}$는 번거로우므로 $GMm\left(\frac{1}{r}\right)$로 해서 $\left(\frac{1}{r}\right)$의 미분을 생각해 보겠습니다.

$$f(x) = \frac{1}{x^n}$$
$$f'(x) = -n \cdot \frac{1}{x^{n+1}}$$

이라는 공식이 편리해요.

$$U(r) = \frac{1}{r}, \quad \frac{d}{dr}U(r) = -\frac{1}{r^2}, \quad \frac{d^2}{dr^2}U(r) = \frac{2}{r^3} \cdots$$

이 됩니다.

그럼, 어디까지 근사시키면 좋을까요?

질점이 $h=1$m에서 자유낙하하는 경우를 생각해보겠습니다. $R=6000$km$=6\times10^6$m를 이용해서 괄호 안의 각 항을 비교해 보지요.

$$\boxed{\begin{aligned} R &= 6 \times 10^6 \\ \frac{1}{R} &= \frac{1}{6} \times 10^{-6} \\ &= \frac{10}{6} \times 10^{-7} \\ &= 1.666\cdots \times 10^{-7} \end{aligned}}$$

$$\frac{1}{R} = 1.7 \times 10^{-7} \ \mathrm{m}^{-1}$$

$$\frac{1}{R^2}h = 2.8 \times 10^{-14} \ \mathrm{m}^{-1} = 1.7 \times 10^{-7}\frac{1}{R}$$

$$\frac{1}{R^3}h^2 = 4.6 \times 10^{-21} \ \mathrm{m}^{-1} = 2.8 \times 10^{-14}\frac{1}{R}$$

3항목은 1항목의 약 10^{-14}배, 즉 100조분의 1입니다. 우주 정거장의 경우조차도 3항목은 1항목의 0.4% 밖에 되지 않습니다. 이런 식으로 정확하게 구할 필요가 없는 대부분의 경우는 무시해도 될 것 같습니다. 따라서

$$U(R+h) \simeq U(R) + \frac{GMm}{R^2}h$$

따라서 구하는 에너지는 다음과 같습니다.

$$\begin{aligned} U(R+h) - U(R) &\simeq U(R) + \frac{GMm}{R^2}h - U(R) \\ &= \frac{GMm}{R^2}h \equiv mgh \end{aligned}$$

여기서 $g = \dfrac{GM}{R^2}$라고 되어 있습니다. 고등학교 교과서에도 나와 있는 위치 에너지의 식이군요!
이처럼 위치 에너지의 식은 만유인력에 의한 위치 에너지를 생각했을 때 지구의 만유인력에 끌린 지구 근방의 물체라는 근사를 적용한 것입니다.

오! 결국은 *mgh*의 식이 구해졌네요!
그러니까 처음에 했던 '중력에 의한 위치 에너지의 식'은 원래는 '만유인력'이라는 더 큰 스케일의 현상이 토대가 되어 있었군요.

'지구의 만유인력에 이끌린, 운동 전후로 지구 중심과의 거리가 별로 변하지 않는 물체' 로서 **근사**를 적용했다는 거죠.

그렇죠! 이처럼 **테일러 전개를 이용한 근사는 세상을 보다 심플하게** 보여줘요.

4. 적분해보자

◆ 적분을 복습해보자

그런데 고등학교 교과서에도 '미분'과 쌍으로 나오는 게 **적분**이에요.

기억해요?

……

백기

그럼, 고등학교 수준에서 복습하고 넘어가죠!

다시 자동차 드라이브를 상상해 보자고요.

OK!

자동차 안으로 들어가면 **속력과 시간**을 알 수 있잖아요.

그러면 이와 같은 '시각과 속력의 그래프'를 그릴 수 있어요.

$v=f(t)$의 그래프

속력 v

시각 t

음, '**시간** t'에 따라 '**자동차의 속력** $f(t)$'도 점점 **변화**하는군요.

막히기도 있고 커브길도 있을 테니까 속력이 시시각각으로 변하는 것도 당연해요.

적분은 길쭉한 직사각형을 합치는 것이다

 말나온 김에 적분에 대해 살펴볼까요!
조금 전, 정민 씨는 '자동차의 속력이 일정하다면, '시간×속력=거리'라는 보통의 곱셈으로 되지만…'이라고 했죠.
이럴 때는 속력이 일정하다고 생각하는 데까지 **시간을 잘게 나누면** 됩니다.

 아, 그렇구나. 참, 미분 때도 그런 게 있었죠!

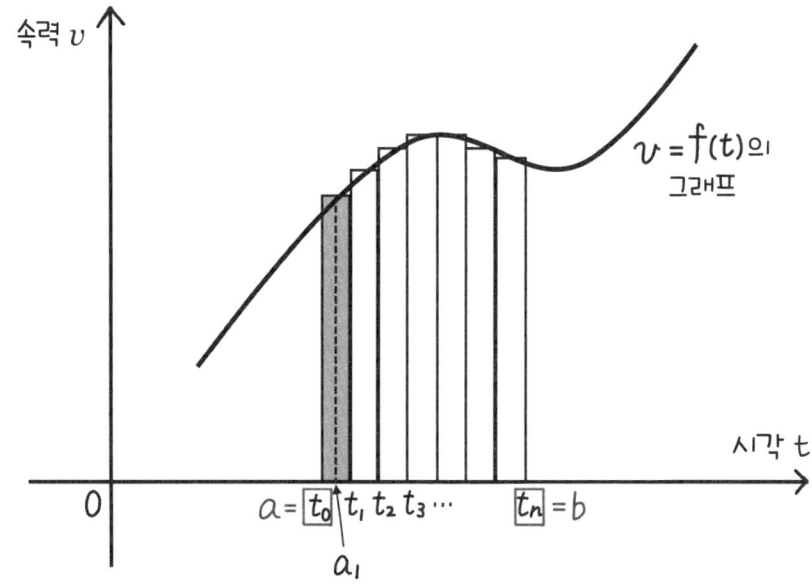

 위의 그래프를 보세요. 시각 $t_0=a$에서 $t_n=b$까지 자동차가 달린 거리를 구하기 위해 n개의 시간 간격으로 나눠 보았어요.
각 시간 간격 중에서 적당히 고른 점을 $a_1, a_2, \cdots, a_i$라 한다면 t_{i-1}에서 t_i 사이의 **평균속력**은 $f(a_i)$로 해도 상관없습니다.

 음, 예를 들어 t_0에서 t_1 사이의 **평균속력**은 $f(a_1)$로 둘 수 있다는 말이죠.

 그렇게 하면 구하는 자동차의 주행**거리**는 다음과 같은 식으로 쓸 수 있습니다.

$$\sum_{i=1}^{n} \underbrace{f(a_i)}_{\text{평균속력}} \underbrace{(t_i - t_{i-1})}_{\text{잘게 나눈 시간}}$$

합친다

오!
즉, 잘게 나누고 나서 **곱해 합치는**군요.

맞아요.
그리고 정확하게 거리를 구하려면 시간을 나누는 수 n을 점차 크게 합니다.
즉, **시간 간격 $t_i - t_{i-1}$을 점점 작게 하면** 되는 거예요.

역시 미분 때와 똑같은 방법이네요!(81쪽 참조)
극한까지 다가가는, 아주 짧은 시간이라면 '평균속력'이 아니라 '속력'이라고 할 수 있지요. 그것으로 정확한 거리를 계산할 수 있다는 거군요.
극한이라는 것은 lim을 사용하잖아요?

맞아요.
시간 간격은 등간격으로 취할 필요가 없으니까 가장 큰 것을 Δt로 두고, Δt를 0에 극한까지 다가가게 해보죠.

극한까지 다가가게 해서 일정한 값에 수렴할 때, 이 극한값을 'a에서 b까지의 **정적분**'이라고 하고, 이렇게 쓰죠.

$$\int_a^b f(t)dt$$

'a에서 b'란 바꾸어 말하면 't_0에서 t_n'을 말하는 거잖아요.
이것을 정리하면 다음과 같은 식이 됩니다!

$$\int_a^b f(t)dt = \lim_{\Delta t \to 0} \sum_{i=1}^{n} f(a_i)(t_i - t_{i-1})$$

아아! 생각났어요.
이 꿈틀거리는 듯한 기호, **인티그럴(integral)**은 적분기호잖아요.
적분이란 '**아주 극한까지 미세하게 나눈 것을 곱해 합친다**'는 의미이고요.
이것으로 각 시각의 속력으로 거리를 구할 수 있는 거군요.

 앞 페이지의 식 $\int_a^b f(t)dt$에는 미분 때도 본 **dt**가 나왔잖아요.

이건 **극히 짧은 시간**이라는 의미로 아래 **그래프의 직사각형** 가로 길이입니다.
$f(t)$는 각 직사각형의 세로 길이고요.

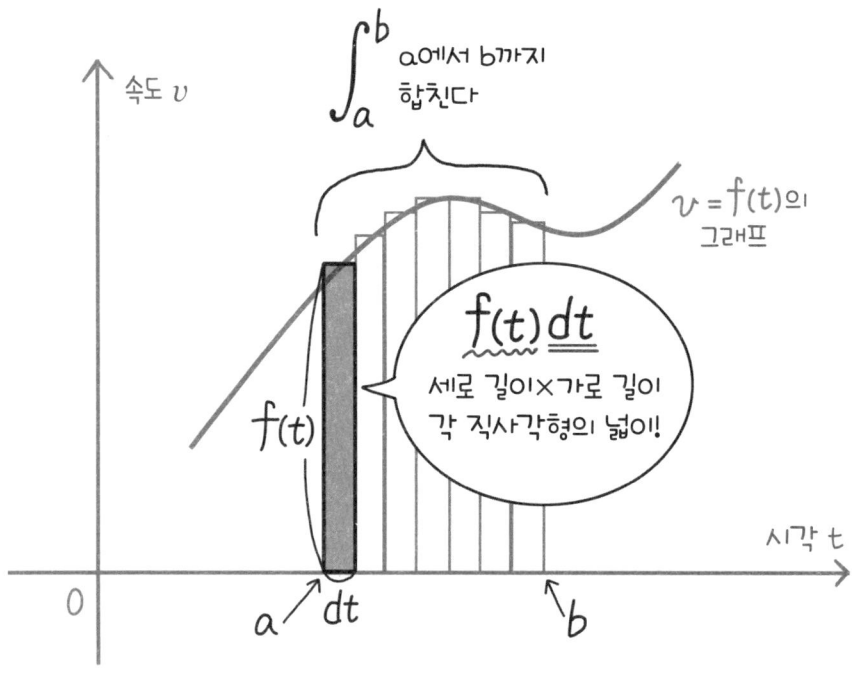

 즉, $f(t)dt$는 **각 직사각형 넓이**를 나타낸 것이죠.
그리고 ∫(인티그럴)은 나온 넓이를 합치는 기호라고 생각하면 됩니다.

 그렇구나. 그래프로 생각해도 알기 쉽군요. 그리고 나온 넓이를 모두 더한 값이 이번의 경우는 '자동차가 달린 거리'를 나타낸다는 거군요.

 여기서는 'a에서 b까지'라는 식으로 적분 범위가 정해져 있었잖아요.
이런 식으로 **범위가 정해져 있는 적분**을 '**정적분**'이라고 해요.

 정적분…. 그러고 보니 들어본 적이 있어요. 되살아나는 고등학교 수학에 대한 기억…!
부정적분이란 것도 있었던 것 같은데요.

 네. 그것들도 복습하고 넘어가죠.

부정적분이란?

그럼, 여기서 적분에 대한 기본 몇 가지를 짚고 넘어가보죠. 여기서는 변수를 x로 해서 진행해 볼게요. 'a에서 b까지'라고 하는 식으로, 적분 범위가 정해진 적분을 '정적분'이라고 했잖아요.
그리고 아까는 $a<b$로 했지만 반대였을 때의 적분은 다음과 같아요.

$$\int_a^b f(x)dx = -\int_b^a f(x)dx$$

아하. 마이너스를 붙이면 되는 거군요.

적분 범위가 항상 정해지는 건 아니에요. 적분의 **상단도 하단도 정해지지 않는** 경우가 있고요. 그리고 적분의 상단이 어느 일정 시간이거나 혹은 상수가 아닌 변수가 되는 경우도 있어요.

이걸 $f(x)$의 '**부정적분**'이라고 하고, 다음과 같은 식으로 나타냅니다. 간단히 $F(x)$라고 다시 쓸 수도 있고요.

부정적분	
$\int f(x)dx = F(x)$ 상단도 하단도 정해져 있지 않다	$\int_a^x f(y)dy = F(x)^{※}$ ← 변수 상단이 상수가 아닌 변수

※$F(x)-F(a)$라고 생각할 수 있지만 $F(a)$는 상수이기 때문에 여기서는 생략했습니다.
(임의의 상수는 나중에 설명합니다.)

그리고 앞의 정적분도 부정적분으로 나타낼 수 있어요. 상수인 상단과 하단을 대입한 값의 차가 되거든요. 다음과 같은 식으로 나타낼 수 있고요.

$$\int_a^b f(x)dx = F(b) - F(a)$$

아, **부정적분**은 정말 많이 사용하죠!
'이 식의 부정적분을 구하라'는 문제도 많이 나왔던 것 같고….

미분하면 도함수를 구할 수 있는 것과 마찬가지로 **적분하면 부정적분**을 구할 수 있었던 가…?

맞아요! 그리고 예를 들면 '**부정적분**을 미분하면 원래의 함수'가 돼요.
식으로는 $F'(x)=f(x)$라고 쓰죠.
정리하면 이런 느낌이에요.

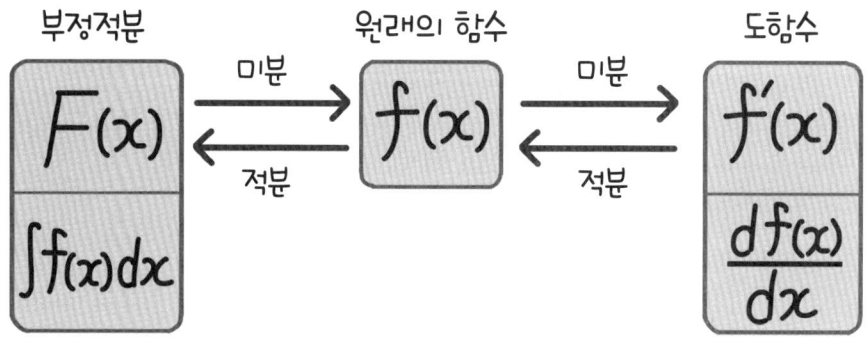

부정적분, 원래의 함수, 도함수의 관계

오오~! **미분과 적분이 왜 표리일체**라고 하는지 알 것 같아요.

네. 다만 여기서 주의할 사항이 있어요!
아래의 식을 보세요. 이와 같이 **상수를 미분하면 0**이 되는 거 말이에요.

$$f(x) = x^3 + 9$$
$$f(x) = x^3 - \frac{1}{7}$$
$$f(x) = x^3 + \sqrt{3}$$

어떠한 식도 미분하면 $f'(x) = 3x^2$ 이 된다!

상수

 그러니까 $f(x)$를 적분한 것은 $F(x)$뿐 아니라 답이 더 얼마든지 있다는 거죠.

이를 바탕으로 부정적분을 다음과 같이 쓸 수도 있습니다.
기호 C는 **임의의 상수(적분상수)**라고 해요.
※constant(상수)의 C입니다.

$$\int f(x)dx = F(x) + \underset{\text{임의의 상수}}{C}$$

 음, **부정적분**은 이름 그대로 상수값이 정해지지 않기 때문에 임의의 상수를 나타내는 C를 붙여 두어야 하는 거군요.
부정적분은 일단 C를 붙인다는 점, 잘 알았습니다!

 **광의적분이란?**

적분 범위는 유한하지 않아도 상관없습니다.
적분 구간이 무한하거나 **적분 구간의 끝에서 함수가 무한대로 발산**하는 경우에도 적분의 정의 식(119쪽의 아래 식)이 일정 유한한 값에 수렴한다면 적분을 할 수 있습니다.
이 같은 적분을 '**광의적분**'이라고 합니다.

물리량의 차원과 미적분

 적분에 대해서 이것저것 살펴보고 있는데,
적분의 경우도 함수가 나타내는 **물리량의 차원**을 생각해야 해요.

자동차의 경우에는 속력의 단위가 [m/s], 시간의 단위가 [S]입니다.
적분을 하는데 '속력×시간'의 직사각형을 더했으므로 결과의 단위는 [m/s×S]=[m]
즉 거리가 됩니다.

 요컨대, 이전에 본 표(86쪽)의 **반대를 생각하면** 된다는 건가.

적분은 거꾸로 생각한다 ←

원래 함수(차원)	변수(차원)	미분 후의 함수(차원)
위치(길이)	시각(시간)	속도(길이/시간)
속도(길이/시간)	시각(시간)	가속도(길이/시간²)
전기량(전기량)	시각(시간)	전류(전기량/시간)

 맞아요!
차원을 생각하면, **미분**을 해야 하는지, **적분**을 해야 하는지 판단할 수 있어요.

 아아, 무엇을 해야 할지 모를 때가 자주 있지요.
미분해야 할지, 적분해야 할지, 공부를 그만하고 누워 버려야 할지….

 마지막 선택지는 없네요.

극좌표에서의 적분

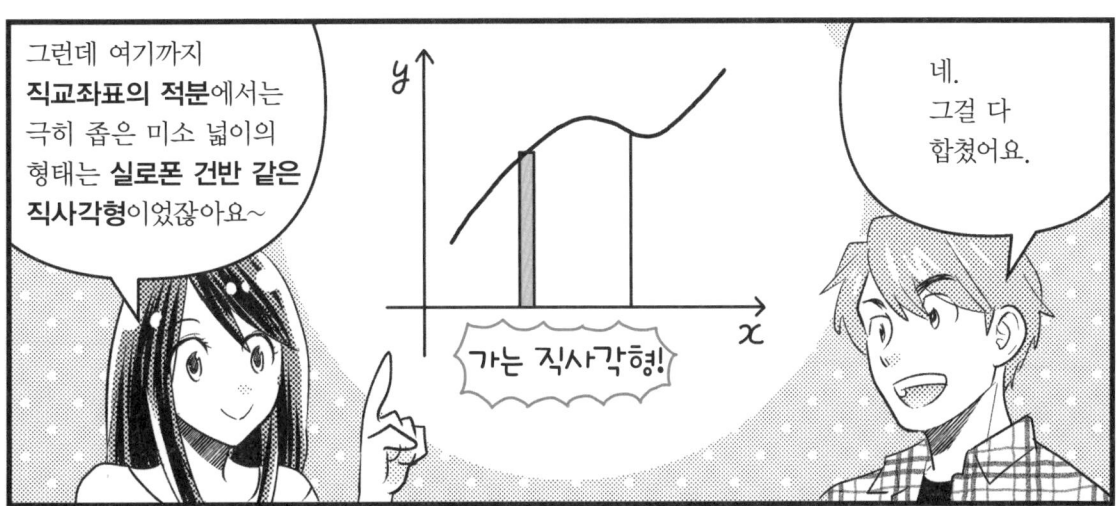

극좌표에서의 적분값을 구해보자

물리에서는 '**극좌표**'가 많이 나와요.
여기서는 극좌표에서 하는 적분에 대해서 살펴보기로 하죠.

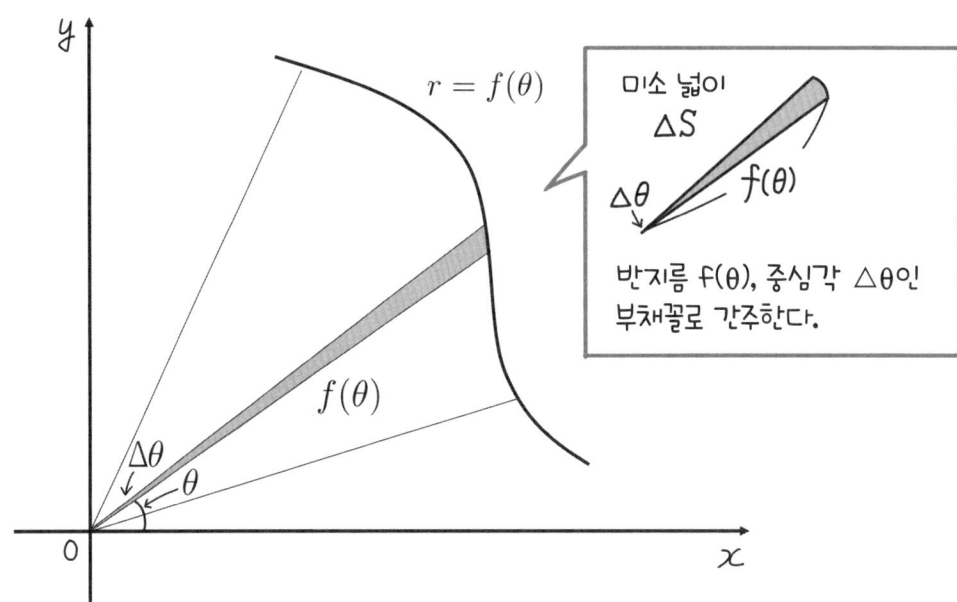

위 그래프의 굵은 선은 극좌표의 함수 $r=f(\theta)$가 나타내는 곡선입니다.
여기서 각도 θ를 $\Delta\theta$만큼 늘렸을 때 그 사이의 넓이는 그래프 속의 가느다란 부채꼴(회색 부분) 같은 형태가 되잖아요.
이 넓이는 반지름 $f(\theta)$, 중심각 $\Delta\theta$의 **부채꼴 넓이에 근사**시킬 수 있거든요.
이걸 **미소 넓이** ΔS라고 하는 거예요.

음, 부채꼴의 넓이를 구하려면 다음과 같은 공식을 써야 하잖아요.
이 정도는 저도 외우고 있답니다.

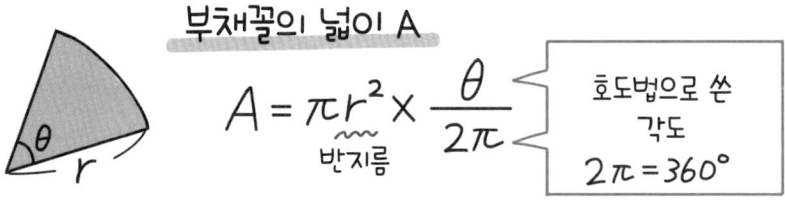

 맞아요! 그 공식을 사용하면 미소 넓이 ΔS는 다음과 같은 식이 되죠.

$$\Delta S \simeq \pi \{f(\theta)\}^2 \cdot \frac{\Delta \theta}{2\pi} = \frac{1}{2} f(\theta)^2 \Delta \theta$$

 음, 이제는 지금까지와 같이 적분을 생각하면 되는 거잖아요.
직교좌표계에서는 x축에 해당하는 Δx를 0에 극한까지 가까워지게 했는데…
극좌표계에서는 각도에 해당하는 $\Delta \theta$를 0에 최대한 가까워지게 하면 된다는 건가.

 그래요. 직교좌표계와 마찬가지로 $\Delta \theta \to 0$의 **극한**을 취하고, 모든 작은 구간의 합을 취해 가는 거예요.
그러면 **적분값** S는 다음과 같이 됩니다.

$$S = \int_{\theta_1}^{\theta_2} \frac{1}{2} f(\theta)^2 d\theta$$

 오오. 이 **적분값** S가 아래 **회색 부분의 넓이**가 된다는 건가.

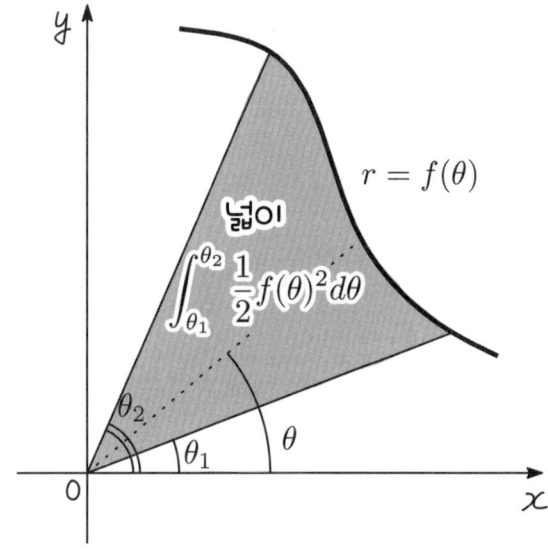

 음, 그렇구나. 극좌표의 적분이 가능하면 아주 둥근 원이 아니더라도, 예를 들면 **일그러진 모양의 피자 넓이**도 간단히 구할 수 있겠네요!

 피자로 예를 많이 드는데, 혹시 정민 씨는 피자 좋아하세요?

적분의 응용

 마지막으로 적분으로 얻을 수 있는 간단한 예를 소개할게요.
복잡한 형태의 영역이 있을 때, 그 넓이를 구하는 데는 적분이 아주 편리해요.

 아, 정말 어떤 모양이든 잘게 나누면 정확한 넓이를 구할 수 있을 것 같아요.

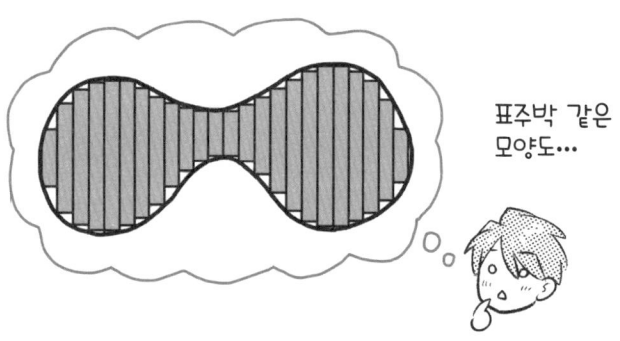

표주박 같은 모양도…

 네! 앞에서 살펴본 자동차의 예에서는 넓이가 '자동차의 주행 거리'를 나타냈잖아요.
그 밖에도 다음과 같은 값을 구할 때도 도움이 됩니다.

▲	$f(▲)$	$\int f(▲)d▲$
t(시간)	힘	충격량
x(위치)	단위구간당 질량	총질량
x(위치)	단위구간당 관성모먼트	관성모먼트

 음. **적분**은 **잘게 나누고, 곱하고, 합치는 일**이군요. 넓이 자체를 구할 때 말고도 여러 가지로 쓸 수 있겠네요.

 이것으로 적분에 대한 설명은 일단 마치겠습니다.
물리에서는 미분적분을 진짜로 많이 사용해요.
앞으로 미분·적분과 더 친하게 지냈으면 좋겠어요.

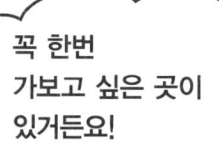

제 4 장
다변수함수의 미적분

1. 다변수함수를 '미분' 해보자

여러 방향으로 움직이는 경우는 다변수함수로 나타낸다

그래서 오늘은 **다변수함수의 미적분**에 대해서 알아볼까요.

'**다변수함수**'가 뭔지 알아요?

독립변수가 2개 이상 있는 함수잖아요. 이런 것.

종속변수 ↓ 독립변수 ↓
$$z = f(x, y)$$
z는 x와 y의 함수

※ 제3장에서 다룬 건 독립변수가 1개인 함수(1변수함수)입니다.

독립변수의 값이 정해져야 종속변수의 값이 정해집니다.

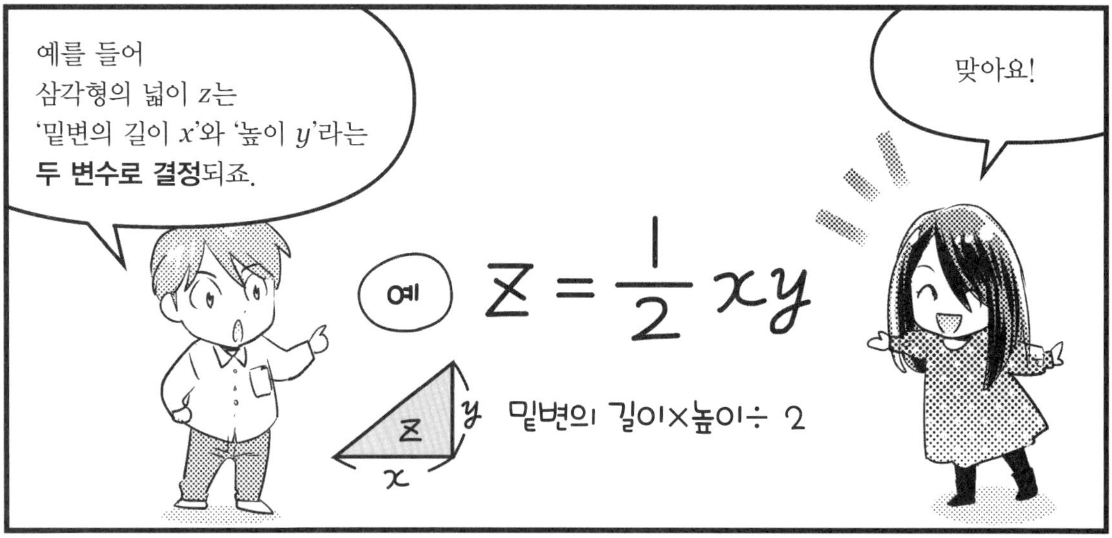

예를 들어 삼각형의 넓이 z는 '밑변의 길이 x'와 '높이 y'라는 **두 변수로 결정**되죠.

맞아요!

예) $z = \dfrac{1}{2} xy$

밑변의 길이 × 높이 ÷ 2

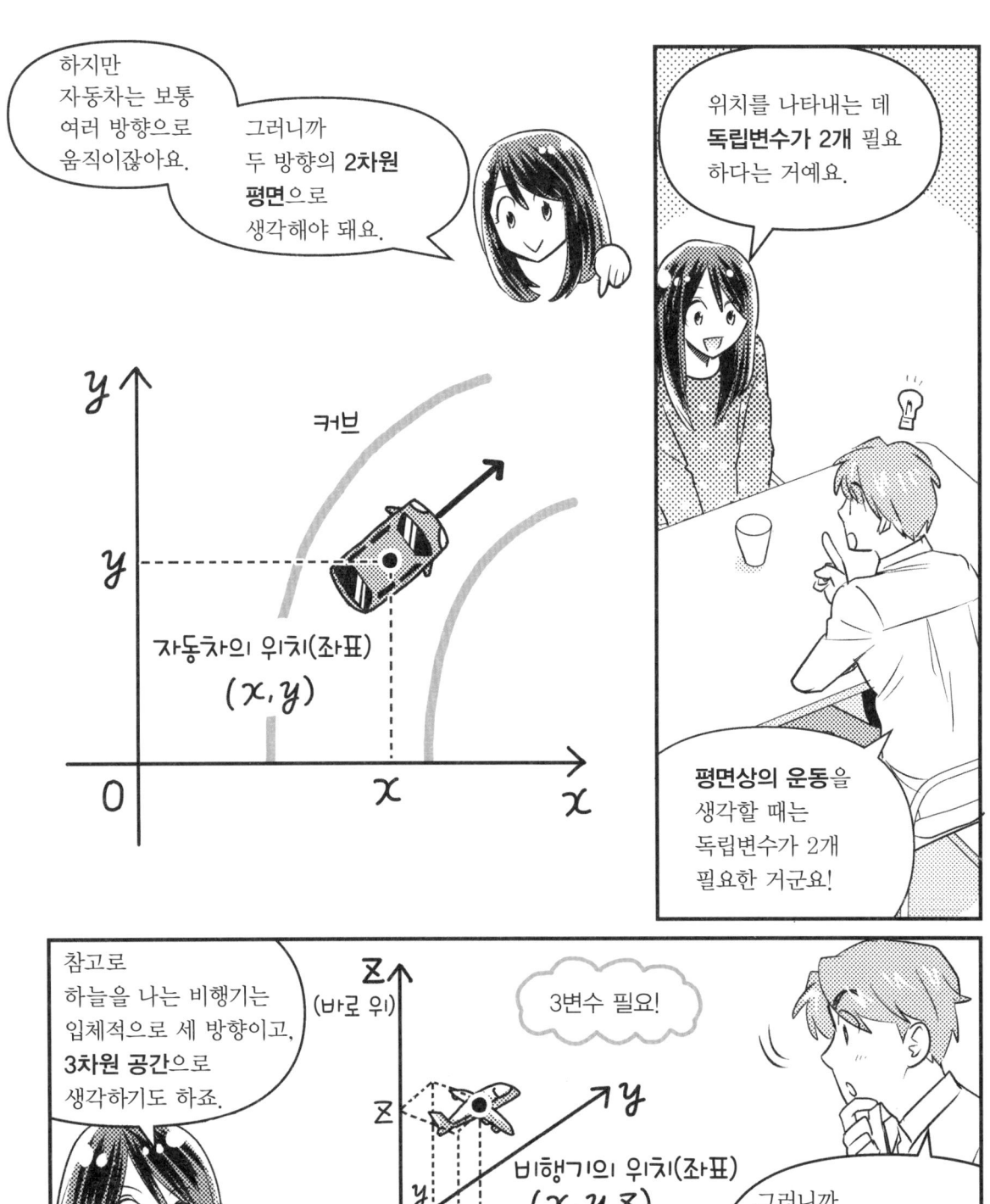

◆ 1변수함수와 다변수함수의 다른 점

 우선 제3장에서 배운 **1변수함수**와 오늘 배운 **다변수함수**(예로서 2변수함수)가 어떻게 다른지, 이미지를 파악해보기로 해요.
아래 표를 보세요.

1변수함수	다변수함수(예를 들어 2변수함수)
$y = f(x)$	$z = f(x, y)$
⬇ 그림으로 나타내면…	⬇
(그래프: $y = f(x)$ 곡선)	(그래프: $z = f(x, y)$ 곡면)
xy 평면이라는 2차원 평면에 함수 $f(x)$를 곡선으로 해서 쓸 수 있다.	(x, y, z)의 3차원 공간에 함수 $f(x, y)$를 곡면으로 해서 쓸 수 있다.
	★참고로, 3변수함수의 경우는 4차원 공간에서 곡면이 됩니다.

 오오-! 다변수함수를 그래프로 나타내면 곡선이 아니라 **곡면**이 되는군요.

 그래요. 2변수함수는 3차원 공간의 곡면이고, 3변수함수는 4차원 공간의 곡면인 것처럼 변수가 $x_1, \cdots, x_n$이 n개 있으면 그 함수 $f(x_1, \cdots x_n)$은 $n+1$차원 공간 내의 곡면을 나타내는 거예요.

다변수함수를 편미분하면 편도함수를 구할 수 있다

그럼, 이제부터는 다변수함수의 '**미분**'에 대해서 알아보기로 해요.
1변수함수의 미분을 알고 있으면 이해하기 쉬울 거예요. 기억나세요?

음, 1변수함수를 미분해서 구할 수 있는 것이 도함수이고, 도함수는 원래 함수의 **곡선** 어느 한 점에서 보는 접선의 기울기였잖아요(82쪽 참조).

다변수함수의 미분도 똑같이 곡선의 '기울기'를 구하는 건가.
하지만 다변수함수의 경우 곡선이 아니라 **곡면**인데, 대체 어떻게 해야 되는 거지….

이미지만 파악하면 간단해요. 공간에 있는 곡면을 어느 한 단면에서 본다면 곡선이 되는 걸 상상할 수 있겠죠? 아래 그림과 같은 느낌이거든요.

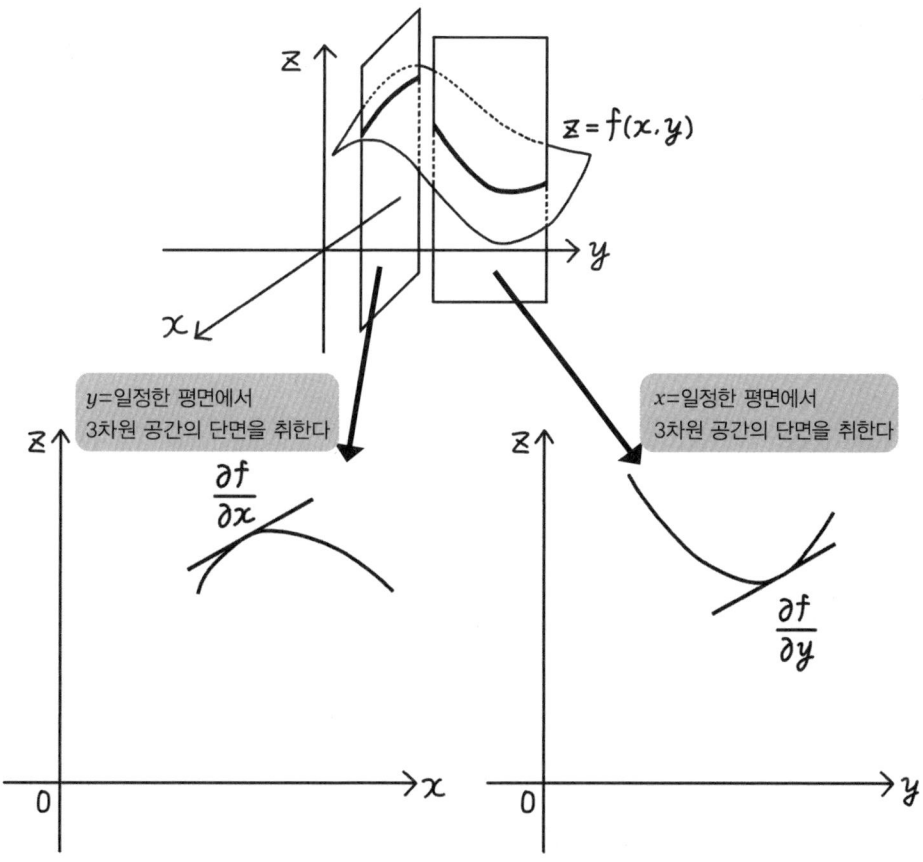

아아! 그렇구나. 3차원 공간의 단면을 취하면 평면으로 생각할 수 있겠네요.
곡면도 곡선으로 생각할 수 있겠어요. 이 곡면의 기울기를 구하면 되는 건가!

그럼 실제로 x축에 대한 '기울기'의 성분을 구해볼까요.
이건 어느 한 y에서 3차원 공간의 단면을 취한 것과 같은 건데요.
y는 움직이지 않고 일정해서 x만이 변화하게 되겠죠.
앞 페이지의 왼쪽 그래프에서는 xz의 2차원 평면에 곡선으로 나타나 있어요.

곡선이 있으면 1변수와 같은 순서로 하면 되거든요.
극한을 이용해서 미분할 수 있는 거죠.

$$\lim_{h \to 0} \frac{f(x+h, y) - f(x, y)}{h}$$

이걸 '$f(x, y)$의 x에 관한 **편도함수**(또는 편미분 계수)'라고 해요.
식은 아래와 같이 쓸 수 있죠.
이처럼 **다른 변수는 고정하고 어느 한 변수에 대해서만 미분하는 것**을 '**편미분**'이라고 해요.

$$f_x(x, y), \quad \frac{\partial f}{\partial x}, \quad \left(\frac{\partial f}{\partial x}\right)_y$$

> 마지막에 y가 붙어 있는 것은
> '함수 f에는 y라는 변수도 포함되지만 그것
> 은 고정되어 있다'는 것을 강조하기 위한 표
> 현입니다.

아아, 그러고 보니, 이 ∂의 기호(읽는 법은 라운드 디 또는 델 등) 본 적 있어요.
1변수함수의 미분에서는 도함수로 'd'을 이용한 것처럼 **다변수함수의 편미분에서는 편도함수로 '∂**을 이용하는 건가.

편미분은 말 그대로, 예를 들면 x에 치우쳐 주목해서 미분을 한다는 말이잖아요.
그때 y는 고정하고 주목하지 않는다는 거고요.

맞아요.
지금은 편미분으로 'x축에 대한 기울기 성분을 구한다'고 하는 작업을 한 거죠.

음, 그럼 y축에 대한 '기울기' 성분을 구하려면…?

후후훗. 궁금하죠?
y에 관한 편미분은 다음과 같은 느낌입니다!

$$f_y(x,y) = \frac{\partial f}{\partial y} = \left(\frac{\partial f}{\partial y}\right)_x = \lim_{k \to 0} \frac{f(x, y+k) - f(x,y)}{k}$$

이런 다변수함수의 편미분을 할 수 있게 되면, 예를 들어 북쪽 산비탈의 **경사(기울기)**나 **서쪽 산비탈의 경사**를 구할 수 있어요.
등산할 때 어느 쪽 비탈로 올라가야 수월할지 알아볼 수 있는 거죠.

집의 배수관 설계를 할 때도 토지의 **위치별 높낮이 차이**를 2차원 변수로 나타내면 어느 쪽에 흘리면 흘리기 쉬운지 알 수 있어요.
다양하게 쓸 수 있는 거지요♪

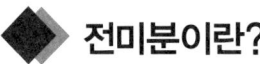

전미분이란?

이번에는 '**전미분**'에 대해 알아볼게요. 앞의 편미분은 '곡선의 기울기'를 구했잖아요. 전미분은 '곡면으로 보았을 때의 기울기'를 구하는 거예요.
곡면을 산에 비유하자면, **편미분**은 '북쪽이나 서쪽 같은 **방향별** 기울기'이고, **전미분**은 '**전체** 기울기'인 셈이죠.

문자 그대로의 의미군요. 근데 구체적으로 어떤 식이 되는 걸까….

그럼, 전미분 공식을 보죠! 전미분은 '곡면의 기울기'를 구하는 거니까, 바꾸어 말하면 곡면의 높낮이 차이를 보이는 거예요. 식은 다음과 같이 나타낼 수 있어요.
이것이 $f(x, y)$의 전미분이라는 거예요.

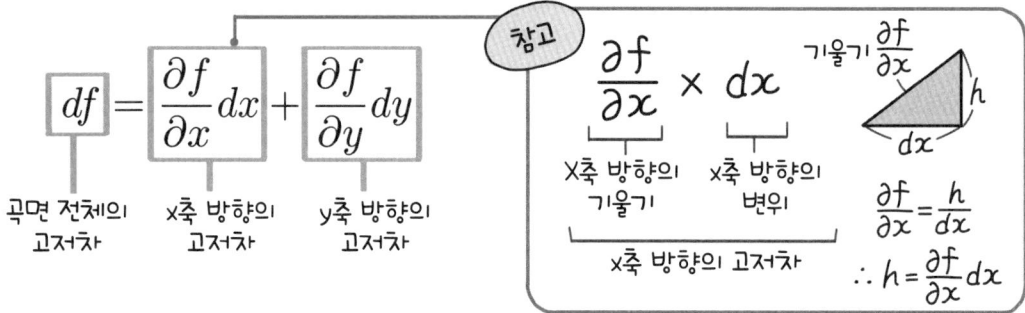

요컨대 x축 방향으로 변위시키고 그런 다음에 y축 방향으로 변위시킨 것과 같은 건가. **곡면의 위치가 얼마나 바뀌었는가** 하는 거군요.

전미분 공식에 이르기까지의 계산

함수 $f(x,y)$에서 $x \to x+\Delta x$, $y \to y+\Delta y$로 변화할 때, $f(x, y)$의 편도함수가 연속이라면 $f(x, y)$의 변화 분은 다음과 같은 식이 됩니다.

$$\Delta f(x,y) = f(x+\Delta x, y+\Delta y) - f(x,y)$$
$$= \frac{\partial f}{\partial x} \Delta x + \frac{\partial f}{\partial y} \Delta y + \varepsilon_1 \Delta x + \varepsilon_2 \Delta y$$

전체의 변위는 'x축 방향의 변위+y축 방향의 변위, 그리고 나머지'라고 할 수 있습니다. 이 나머지 성분의 ε_1, ε_2는 Δx나 Δy가 0에 가까워지면 당연히 0에 가까워집니다. 그러므로 Δx나 Δy가 아주 작을 때는 $\varepsilon_1 \Delta x$나, $\varepsilon_2 \Delta y$는 미소값×미소값이므로 무시할 수 있어 다음과 같이 근사시킬 수 있습니다.

$$\Delta f(x,y) = \frac{\partial f}{\partial x} \Delta x + \frac{\partial f}{\partial y} \Delta y$$

Δx, Δy를 0에 가깝게 하면 전미분의 공식이 됩니다.

편미분 계산의 특징

이번에는 편미분 계산의 특징에 대해서 정리해볼게요.

◆ 3변수함수를 편미분해보자

함수의 변수가 많아지는 경우도 계산하는 법은 같습니다. 3변수함수 $f(x, y, z)$에 대한 편도함수는 다음과 같이 나타낼 수 있습니다.

$$f_x(x, y, z) = \frac{\partial f}{\partial x} = \left(\frac{\partial f}{\partial x}\right)_{y,z}$$

$$f_y(x, y, z) = \frac{\partial f}{\partial y} = \left(\frac{\partial f}{\partial y}\right)_{z,x}$$

$$f_z(x, y, z) = \frac{\partial f}{\partial z} = \left(\frac{\partial f}{\partial z}\right)_{x,y}$$

더 차원이 올라가도 마찬가지입니다.

◆ 2계편도함수에 대하여

편미분이 되면 나온 편도함수 역시 다시 편미분해보고 싶어지기도 합니다.
우선 2변수함수의 편도함수를 다시 한 번 편미분해 보죠.
2변수함수의 경우 1차 편미분을 x로 할 것인가, y로 할 것인가, 2차 편미분을 x로 할 것인가, y로 할 것인가에 따라 2×2=4가지 편도함수가 생깁니다.

$$\frac{\partial}{\partial x} f_x(x, y) = \frac{\partial^2 f}{\partial x^2} = f_{xx}(x, y)$$

$$\frac{\partial}{\partial y} f_x(x, y) = \frac{\partial^2 f}{\partial y \partial x} = f_{xy}(x, y)$$

$$\frac{\partial}{\partial x} f_y(x, y) = \frac{\partial^2 f}{\partial x \partial y} = f_{yx}(x, y)$$

$$\frac{\partial}{\partial y} f_y(x, y) = \frac{\partial^2 f}{\partial y^2} = f_{yy}(x, y)$$

3계 이상의 편도함수에 관해서도 같은 규칙으로 쓸 수 있습니다. 또 3변수 이상의 함수에서도 마찬가지입니다.

◆ 편미분의 순서를 바꾸어도 문제없습니다

이러한 2계편도함수가 연속적인 함수일 때, 다음과 같은 식이 성립됩니다.

$$f_{xy}(x, y) = f_{yx}(x, y)$$

즉, 편미분의 순서는 바뀌어도 상관없다는 것입니다. 예를 들어 $f(x, y) = xy^2$일 때

$$f_x(x, y) = y^2$$

$$f_{xy}(x, y) = 2y$$

가 되고, 한편

$$f_y(x, y) = 2xy$$

$$f_{yx}(x, y) = 2y$$

'x로 편미분한 뒤 y로 편미분한 것'과 'y로 편미분한 뒤 x로 편미분한 것'의 결과는 똑같이 $2y$입니다!

2. 편미분에 의해 파동이 나타난다

◆ 파동도 다변수함수로 나타낸다

여기서 깜짝 질문!

'소리', '지진', '빛', '전파'…

자, 이것들의 공통점은 뭘까요?

소리

지진

빛

전파

아, 그건 바로 파동이에요.

파동

다양한 물리현상은 파동에 의한 것이죠.

시각을 고정하고 파동을 살펴보자

 고등학교 물리에서도 배우지만 파동(물결)이란 차례로 진동이 주위로 퍼져나가는 현상을 말해요.
어느 방향을 따라 진동이 전해져가는 거죠.

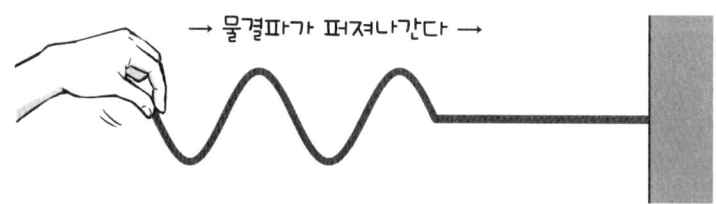

 위의 그림에서는 벽에 고정된 밧줄을 손으로 위아래로 운동시켜 물결을 만들어내고 있군요.
소리와 빛의 파동은 눈에 보이지 않지만 눈에 보이는 밧줄로 생각하니까 파동의 모습을 상상하기가 쉬운 것 같아요.

 그럼 이 밧줄의 파동에 찰칵 하고 사진을 찍어 볼까요.
이 사진은 이른바 **시각 t를 멈췄을 때**의 스냅샷입니다.

파동의 크기… 즉 파동의 변위 $y=f(x, t)$는 다음과 같이 나타낼 수 있습니다.
시험 삼아 $t=0$으로 해보겠습니다.
그래프를 그리면 '**시각 t가 고정**'되어 있으므로 위치 x와 변위 y의 그래프가 됩니다.

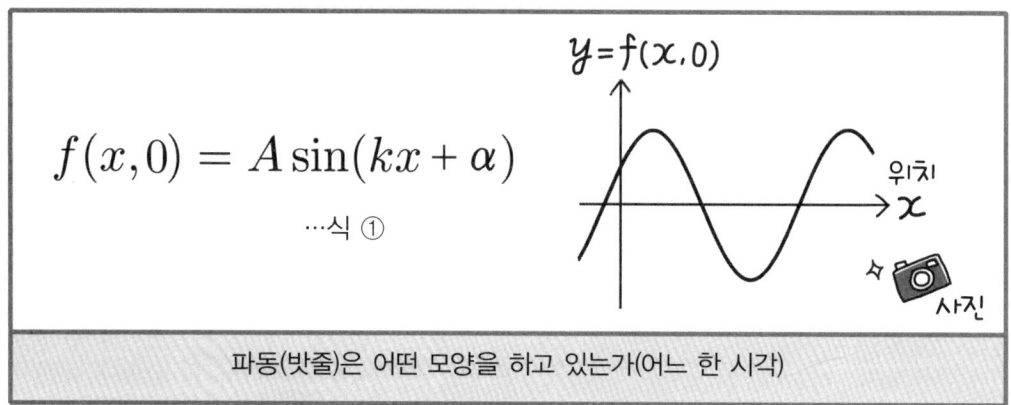

$$f(x,0) = A\sin(kx + \alpha)$$

…식 ①

파동(밧줄)은 어떤 모양을 하고 있는가(어느 한 시각)

 $t=0$이라면 0초 후의 사진이고, $t=1$이면 1초 후의 사진이라는 느낌인가.
파동을 나타낼 때는 삼각함수 sin이나 cos(정현파)을 사용했는데.
A가 파동의 진폭인 건 알겠는데, 'k'와 'α'는 뭐였죠?

k는 '**파수**(파동수)'라고 해서 파동 모양을 나타내는 물리량이에요.
k값이 크면 클수록 파장(주어진 시각에 같은 모양이 반복되는 최소 길이)이 짧다고 할 수 있어요. 다시 말하면 주파수가 높다(1초에 반복되는 파동의 수가 많다)고 할 수 있죠.
'주파수'란 '1초 동안 진동하는 횟수'를 말합니다.

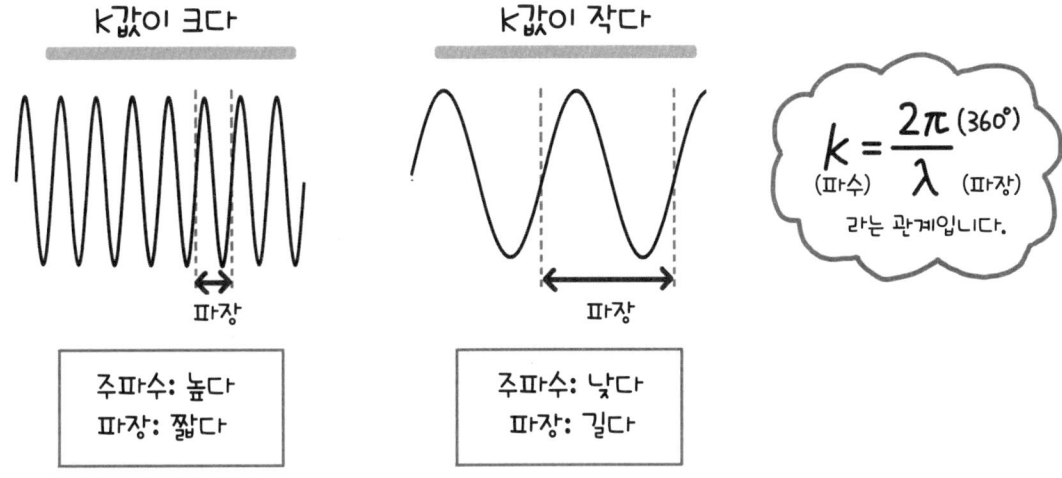

그리고 'a'는 $x=0$일 때의 파동의 변위에 대응하는 상수입니다.
$x=0$일 때 반드시 파동의 변위가 없다… $y=0$이라고는 할 수 없잖아요?

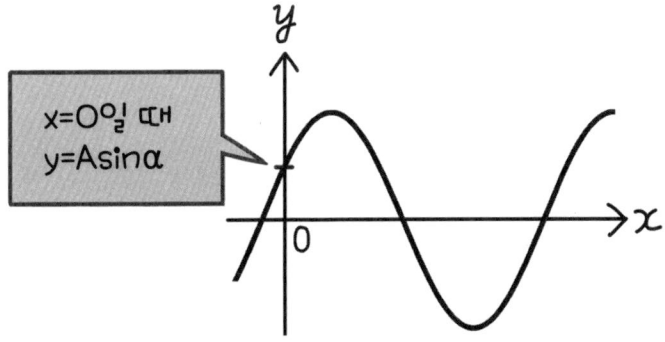

아, 위의 그래프와 같이 $x=0$에서 변위하는 경우도 생각할 수 있겠어요.
이해돼요.

참고로, a는 x나 t의 원점을 적당히 취하면 0으로 할 수 있어요.
그러므로 이제부터 보여줄 식에서는 a를 쓰지 않았어요.

위치를 고정하고 파동을 살펴보자

 여기까지는 시각 t를 정지시켰을 때, '$t=0$'에 대해서 알아보았어요.
이제는 **위치 x를 고정했을 때**에 대해서 알아보기로 해요!
물결의 어느 한 점에 주목하는 거예요.

예를 들어 밧줄 한 곳에 리본을 매어 놓았다면 그 리본은 시간과 함께 어떤 움직임을 보일까요?

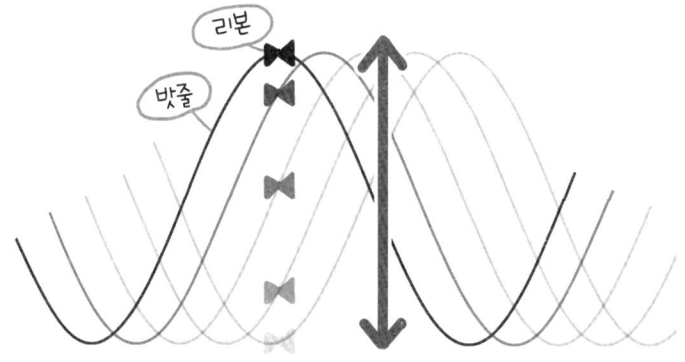

 아, 그림을 보면 일목요연하죠!
물결의 어느 한 점(리본)에 주목하면 '상하운동'을 한다는 걸 알 수 있어요.
원래 밧줄의 물결은 손으로 상하운동해서 만들어지는 거고요.

 바로 그거예요.
이러한 상하운동은 오르내리기를 반복하고, 물론 물결 모양이 되죠. 이 상하운동의 물결을 식으로 나타내면 다음과 같습니다.

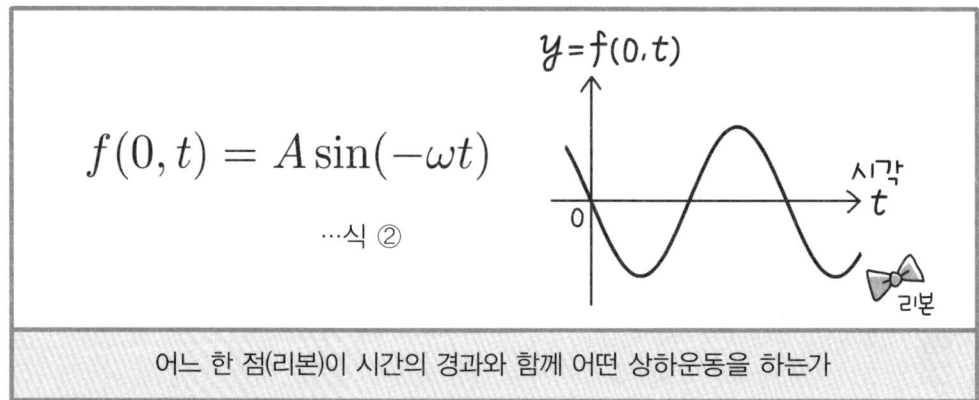

$$f(0, t) = A\sin(-\omega t)$$

···식 ②

어느 한 점(리본)이 시간의 경과와 함께 어떤 상하운동을 하는가

$x=0$으로 '**위치 x를 고정**'하고 있는 거예요.
그래프를 그리면 위치 x를 고정했으므로 t와 y의 그래프가 되거든요.
앞의 식 ①은 밧줄 모양을 나타내고 있고, 이번 식 ②는 리본의 움직임을 나타내고 있는 거예요. 리본을 $x=0$의 위치에 매어 놓았다고 생각하면 돼요.

음, 이 ω(오메가)는 '각진동수'라고 부르죠. 단위 시간당 파동의 위상 변화를 나타내는 거고요. 위상이란 물결의 어긋남을 표현하는 양을 말하는 거니까 ωt로 '물결이 어긋나 있는 크기'를 나타낸다는 거군요.

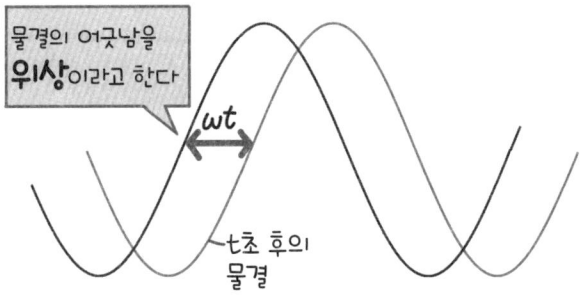

자, 이렇게 ①과 ②의 두 식에 대해서는 의미를 알았잖아요.
그런데 이제부터가 중요해요.

언제 어디서나 이 물결을 관측하고 싶다면 x와 t 양쪽이 변수가 된 파동을 나타내는 함수 $f(x, t)$를 만들고 싶어질 것입니다. 파동은 속도 $v=\omega/k$로 전해지니까 위치 x에서는 위치 0의 변위가 시간 $x/v=kx/\omega$만큼 늦게 찾아옵니다.
그러므로 ②의 t를 $t-kx/\omega$라고 하면, 임의의 위치 x에서 시각 t의 위상을 다음과 같이 나타낼 수 있습니다.

$$f(x,t) = A\sin(kx - \omega t)$$

이것이 **파동을 나타내는 함수식**이에요.
참고로 $t=0$으로 하면 ① (에서 $\alpha=0$으로 한 식)이 됩니다.

오~!
그러니까 이 함수를 **미분**하면 **파동의 운동에 대해서 여러 가지로 분석**을 할 수 있겠네요.

파동을 나타내는 함수를 편미분해보자

그럼, 앞의 함수를 x 및 t로 두 번 편미분해 볼까요!

$$f(x, t) = A\sin(kx - \omega t)$$

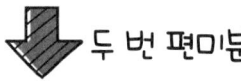 두 번 편미분

$$\frac{\partial^2 f}{\partial x^2} = -k^2 A \sin(kx - \omega t)$$
$$\frac{\partial^2 f}{\partial t^2} = -\omega^2 A \sin(kx - \omega t)$$

참고

$\dfrac{\partial f}{\partial x} = \underline{k} \cdot A\underline{\cos}(\underline{kx - \omega t})$

x의 계수 (sin)′ x 이외의 변수는 상수로 간주한다

$\dfrac{\partial f}{\partial t} = \underline{(-\omega)} \cdot A\underline{\cos}(\underline{kx - \omega t})$

t의 계수 (sin)′ t 이외의 변수는 상수로 간주한다

그리고 (cos)′ = −sin

음. 왠지 2개 다 비슷한 모양이 되었네요.

네. 이 두 식에 대해서 파동의 속도식을 이용하여 정리하면 다음과 같은 관계 식을 얻을 수 있습니다. 짜~잔!

파동의 속도식

$$v(\text{속도}) = \frac{\omega(\text{각진동수})}{k(\text{파수})}$$

에 의해, $\omega^2 = v^2 k^2$

$$\frac{\partial^2 f}{\partial t^2} = v^2 \frac{\partial^2 f}{\partial x^2}$$

1차원의 파동 방정식

이게 '**1차원의 파동 방정식**'이라 불리는 거예요!

…아하.

히잉! 별로 감동하지 않는군요.
이 파동 방정식은 파동에 관계되는 다양한 물리현상을 이해하는 데 있어서 기본이 되는 아주 중요한 방정식이에요.
이 방정식을 잘 다루게 되면 파동이 어떤 운동을 하는지 알 수 있어요.

오! 그런 말을 들으니 중요하다는 생각이 드는데요.
즉, '빛', '소리', '지진', '전파' 등, 어떤 분야를 공부하든 도움이 될 만한 방정식인 것 같아요.

맞아요. 어쨌든, 여기서 꼭 알아야 할 것은…
물리에서 굉장히 중요한 '파동 방정식'은 **'편미분방정식'이라는 형식으로 표현할 수 있다**는 거예요.

즉, **파동도 편미분으로 나타낼 수** 있습니다!
편미분의 중요성을 알 수 있겠죠!

네에.
다변수함수라든지 편미분라든지, 그러한 편리한 도구를 사용하지 않으면 파동을 다루는 것조차 현실적으로 불가능하다는 거군요….

그래요.
편미분을 확실히 이해하지 못하면 나중에 엄청나게 고생하게 될 거예요.
파동만큼이나!

네….

3. 원기둥좌표, 구좌표에서의 미분

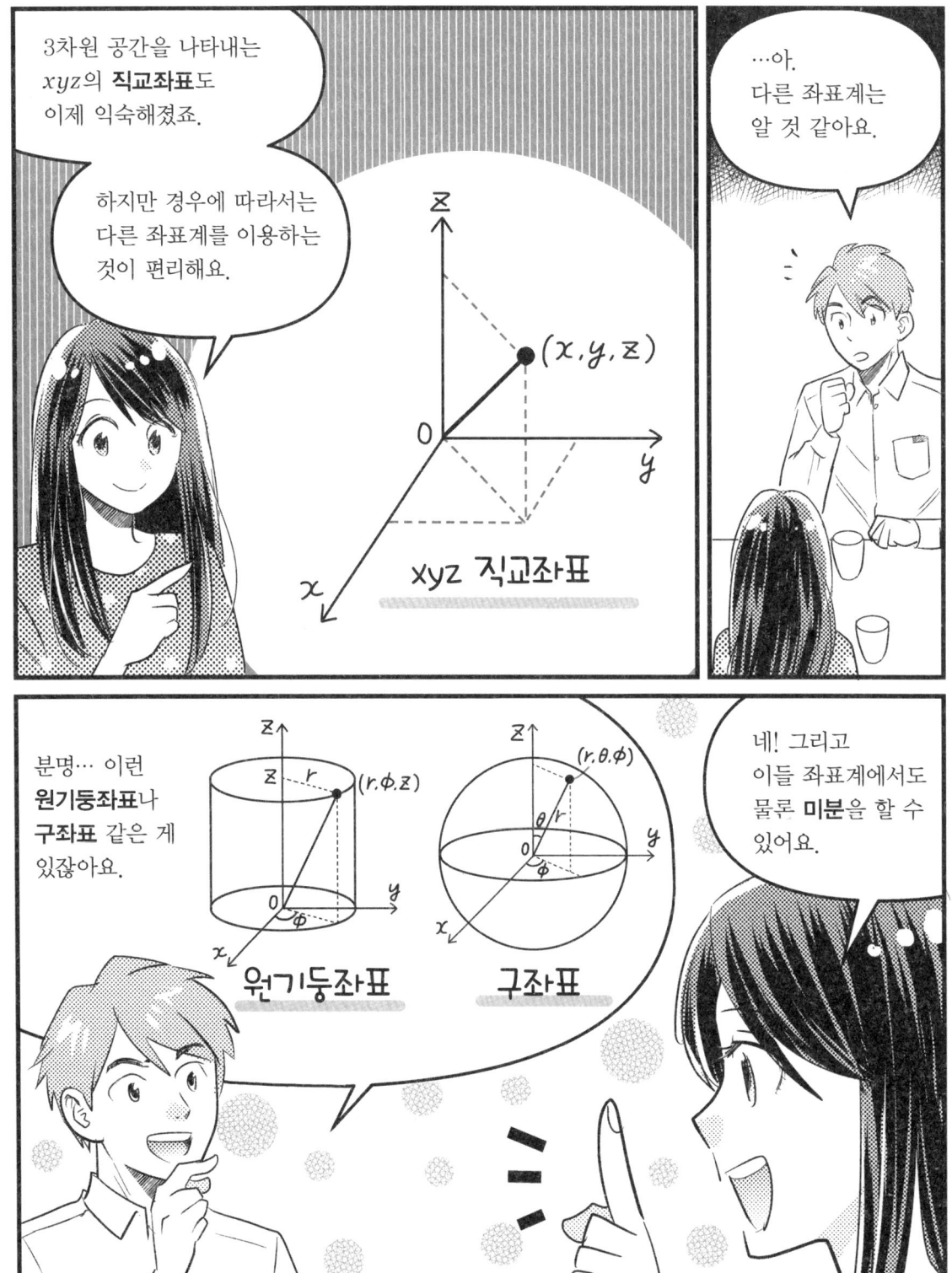

원기둥좌표에서 편미분해보자

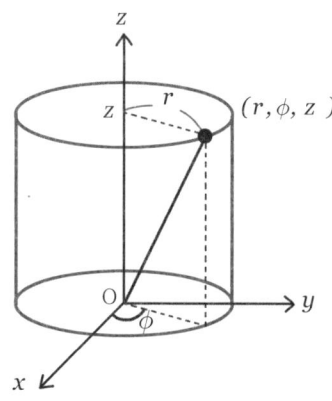

공이
회전하면서
떨어진다

먼저 '원기둥좌표'에 대해서 살펴보겠습니다. 원기둥좌표는 xy 평면 내에 사영(평면 위의 도형F의 각 점과 F 위에 있지 않은 점 O를 잇는 직선을 긋는 것)한 점의 원점으로부터의 거리 r, x축으로부터의 각도 ϕ, 그리고 z에서 공간 속의 점을 나타냅니다.

이 좌표는 선대칭 대상이나, 나선 운동을 기술하는 데 아주 편리합니다. 예를 들면 어린아이 장난감(위 오른쪽 그림 참조)의 공 운동, 자기장 안의 하전입자의 자이로 운동 등은 원기둥좌표를 이용하면 아주 쉽게 기술할 수 있습니다. 직교좌표계(x, y, z)와 원기둥좌표계(r, ϕ, z)의 관계는 다음과 같습니다.

$$x = r\cos\phi$$
$$y = r\sin\phi$$
$$z = z$$

단, $r \geq 0$, $0 \leq \phi < 2\pi$입니다. 반대로 원기둥좌표를 직교좌표로 나타내면 다음과 같습니다.

$$r = \sqrt{x^2 + y^2}$$
$$\phi = \tan^{-1}\left(\frac{y}{x}\right)$$
$$z = z$$

그럼 dx, dy, dz는 dr, $d\phi$, dz를 이용하여 어떻게 나타낼 수 있을까요?
이를 위해서는 각 성분의 편미분을 대충 구합니다. 3×3=9개 계산할 필요가 있겠군요.

$$\frac{\partial x}{\partial r} = \frac{\partial}{\partial r}(r\cos\phi) = \cos\phi, \quad \frac{\partial x}{\partial \phi} = \frac{\partial}{\partial \phi}(r\cos\phi) = -r\sin\phi, \quad \frac{\partial x}{\partial z} = 0$$
$$\frac{\partial y}{\partial r} = \frac{\partial}{\partial r}(r\sin\phi) = \sin\phi, \quad \frac{\partial y}{\partial \phi} = \frac{\partial}{\partial \phi}(r\sin\phi) = r\cos\phi, \quad \frac{\partial y}{\partial z} = 0$$
$$\frac{\partial z}{\partial r} = 0, \quad \frac{\partial z}{\partial \phi} = 0, \quad \frac{\partial z}{\partial z} = 1$$

이들을 정리해 행렬로 나타내면 아래와 같으므로

$$dx = \frac{\partial x}{\partial r}dr + \frac{\partial x}{\partial \phi}d\phi + \frac{\partial x}{\partial z}dz$$

$$dy = \frac{\partial y}{\partial r}dr + \frac{\partial y}{\partial \phi}d\phi + \frac{\partial y}{\partial z}dz$$

$$dz = \frac{\partial z}{\partial r}dr + \frac{\partial z}{\partial \phi}d\phi + \frac{\partial z}{\partial z}dz$$

다음과 같은 식이 됩니다.

$$\begin{pmatrix} dx \\ dy \\ dz \end{pmatrix} = \begin{pmatrix} \frac{\partial x}{\partial r} & \frac{\partial x}{\partial \phi} & \frac{\partial x}{\partial z} \\ \frac{\partial y}{\partial r} & \frac{\partial y}{\partial \phi} & \frac{\partial y}{\partial z} \\ \frac{\partial z}{\partial r} & \frac{\partial z}{\partial \phi} & \frac{\partial z}{\partial z} \end{pmatrix} \begin{pmatrix} dr \\ d\phi \\ dz \end{pmatrix}$$

$$= \begin{pmatrix} \cos\phi & -r\sin\phi & 0 \\ \sin\phi & r\cos\phi & 0 \\ 0 & 0 & 1 \end{pmatrix} \begin{pmatrix} dr \\ d\phi \\ dz \end{pmatrix} = A \begin{pmatrix} dr \\ d\phi \\ dz \end{pmatrix} \quad \cdots\cdots ①$$

단, 행렬 A을 다음과 같이 정의했습니다.

$$A = \begin{pmatrix} \cos\phi & -r\sin\phi & 0 \\ \sin\phi & r\cos\phi & 0 \\ 0 & 0 & 1 \end{pmatrix}$$

이제부터 함수 $f(x, y, z)$의 (r, ϕ, z)에 의한 1차 편도함수에 대해서 알아보겠습니다.

$$df = \frac{\partial f}{\partial x}dx + \frac{\partial f}{\partial y}dy + \frac{\partial f}{\partial z}dz = (dx\ dy\ dz)\begin{pmatrix} \frac{\partial f}{\partial x} \\ \frac{\partial f}{\partial y} \\ \frac{\partial f}{\partial z} \end{pmatrix} \quad \cdots\cdots ②$$

$$= \frac{\partial f}{\partial r}dr + \frac{\partial f}{\partial \phi}d\phi + \frac{\partial f}{\partial z}dz = (dr\ d\phi\ dz)\begin{pmatrix} \frac{\partial f}{\partial r} \\ \frac{\partial f}{\partial \phi} \\ \frac{\partial f}{\partial z} \end{pmatrix} \quad \cdots\cdots ③$$

식 ②의 $(dx\ dy\ dz)$ 식에 식 ①을 옮겨놓은 식

$$(dx\ dy\ dz) = (dr\ d\phi\ dz)A^t$$

을 대입한 것과 식 ③으로부터

$$df = (dr\ d\phi\ dz)A^t \begin{pmatrix} \frac{\partial f}{\partial x} \\ \frac{\partial f}{\partial y} \\ \frac{\partial f}{\partial z} \end{pmatrix} = (dr\ d\phi\ dz) \begin{pmatrix} \frac{\partial f}{\partial r} \\ \frac{\partial f}{\partial \phi} \\ \frac{\partial f}{\partial z} \end{pmatrix}$$

가 되므로,

$$\begin{pmatrix} \frac{\partial f}{\partial r} \\ \frac{\partial f}{\partial \phi} \\ \frac{\partial f}{\partial z} \end{pmatrix} = A^t \begin{pmatrix} \frac{\partial f}{\partial x} \\ \frac{\partial f}{\partial y} \\ \frac{\partial f}{\partial z} \end{pmatrix} = \begin{pmatrix} \cos\phi & \sin\phi & 0 \\ -r\sin\phi & r\cos\phi & 0 \\ 0 & 0 & 1 \end{pmatrix} \begin{pmatrix} \frac{\partial f}{\partial x} \\ \frac{\partial f}{\partial y} \\ \frac{\partial f}{\partial z} \end{pmatrix}$$

이로써 원기둥좌표에 편미분이 생겼습니다!

그런데 이러한 좌표변환을 할 때 좀 주의해야 할 것이 있습니다.
지금까지와는 다르게 원기둥좌표로 표현한 좌표에서 직교좌표의 편미분을 계산하고 싶을 때, 각 편도함수의 역수를 취해서 예를 들면 다음과 같이 하지 않을까요?

$$\frac{\partial r}{\partial x} = \frac{1}{\frac{\partial x}{\partial r}} \quad \text{(역함수의 미분을 생각하는 방법입니다)}$$

하지만 정말 그럴까요? 실제로 계산해 보겠습니다.

$$\frac{\partial r}{\partial x} = \frac{x}{\sqrt{x^2+y^2}} = \frac{x}{r} = \cos\phi$$

$$\frac{\partial x}{\partial r} = \cos\phi$$

$$\frac{\partial r}{\partial x} \neq \left(\frac{\partial x}{\partial r}\right)^{-1} \quad !?$$

참고: 역함수의 미분
$$\frac{dy}{dx} = \frac{1}{\frac{dx}{dy}}$$
(y를 x로 미분)
=(x를 y로 미분해서 역수를 취한다)

왜 다른가 하면 $\frac{\partial r}{\partial x}$은 y, z를 고정해서 x축 방향으로 아주 작게 움직였을 때의 편미분인데 반해, $\frac{\partial x}{\partial r}$는 z를 고정해서 r 방향으로 아주 작게 움직였을 때의 편미분이기 때문입니다.

구좌표에서 편미분해보자

이제는 중심력을 기술할 때 매우 편리한 '구좌표'에 대해 알아보기로 해요.

구좌표에서는 원점으로부터 거리 r, 이 점과 z축과의 각도 θ, 이 점의 xy 평면에 대한 사영과 원점을 연결한 것과, x축과의 각도 ϕ로 전 공간을 나타냅니다. 변환 식은 다음과 같습니다.

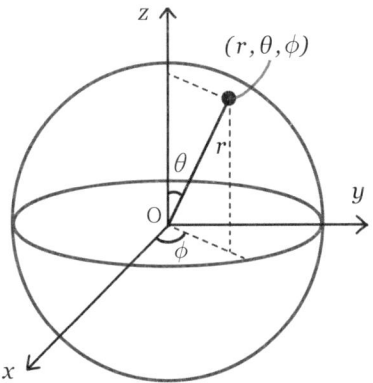

$$x = r\sin\theta\cos\phi$$
$$y = r\sin\theta\sin\phi$$
$$z = r\cos\theta$$

단, $r \geq 0$, $0 \leq \theta \leq \pi$, $0 \leq \theta < 2\pi$ 입니다. 이 경우도 열심히 계산해 볼까요. 여기서는 최종 결과만 제시하겠습니다.

$f(x, y, z)$를 $(r, \theta,)$으로 편미분할 때 식은 다음과 같습니다.

$$\begin{pmatrix} \frac{\partial f}{\partial r} \\ \frac{\partial f}{\partial \theta} \\ \frac{\partial f}{\partial \phi} \end{pmatrix} = \begin{pmatrix} \frac{\partial x}{\partial r} & \frac{\partial y}{\partial r} & \frac{\partial z}{\partial r} \\ \frac{\partial x}{\partial \theta} & \frac{\partial y}{\partial \theta} & \frac{\partial z}{\partial \theta} \\ \frac{\partial x}{\partial \phi} & \frac{\partial y}{\partial \phi} & \frac{\partial z}{\partial \phi} \end{pmatrix} \begin{pmatrix} \frac{\partial f}{\partial x} \\ \frac{\partial f}{\partial y} \\ \frac{\partial f}{\partial z} \end{pmatrix}$$

$$= \begin{pmatrix} \sin\theta\cos\phi & \sin\theta\sin\phi & \cos\theta \\ r\cos\theta\cos\phi & r\cos\theta\sin\phi & -r\sin\theta \\ -r\sin\theta\sin\phi & r\sin\theta\cos\phi & 0 \end{pmatrix} \begin{pmatrix} \frac{\partial f}{\partial x} \\ \frac{\partial f}{\partial y} \\ \frac{\partial f}{\partial z} \end{pmatrix}$$

참고로, 구좌표계를 사용하지 않으면 식이 복잡해지는 경우가 있습니다. 예로서 중심력에 의한 잠재력 $V(x, y, z)$가 있을 때의 질점의 운동을 생각해 보겠습니다.

$$V(x, y, z) = \frac{k}{\sqrt{x^2 + y^2 + z^2}}$$

여기서 생각하는 중심력이 질량 M의 물체가 만들어내는 만유인력이라면 $k = -GM$(G는 만유인력 상수)이 되며, 전기량 e의 전하가 진공 중에 만들어내는 쿨롱장이라면 $k = \frac{1}{4\pi\varepsilon_0}e$ (ε_0은 진공의 유전율)이 됩니다.

이때 중심에서 거리 $r(r^2=x^2+y^2+z^2)$의 위치에 있는 단위 질량 혹은 단위 전하에 대해 작용하는 힘을 구한다고 합시다. 구좌표계를 모르면 우선 힘의 x, y, z축 성분을 계산할 필요가 있는데 예를 들면 x 방향으로 작용하는 힘 F_x는

$$F_x = -\frac{\partial V}{\partial x} = \frac{kx}{(x^2+y^2+z^2)^{3/2}}$$

다음과 같이 나타낼 수 있습니다(y 방향으로 작용하는 힘 F_y, z 방향으로 작용하는 힘 F_z도 마찬가지로 계산됩니다). 꽤 복잡하죠….

한편 구좌표계로 생각하면 포텐셜은 간단하게 다음과 같이 나타냅니다.

$$V(r) = \frac{k}{r}$$

중심력 F_r 역시

$$F_r = -\frac{\partial V}{\partial r} = \frac{k}{r^2}$$

간단하게 나타냅니다.

어떤 물리현상을 고찰하느냐에 따라 좌표계를 적당히 쓰면 편리합니다. 원기둥좌표와 구좌표도 제대로 사용할 수 있도록 합시다!

4. 다변수함수를 '적분' 해보자

면적분, 선적분, 체적적분

그럼 이제부턴 다변수함수의 적분에 대해서 알아보기로 해요.
우선은 **적분하는 범위(영역)**를 제대로 그리는 일이 중요하죠.

적분하는 범위 말인가. 음, 생각해 보니….
1변수함수 $y=f(x)$의 적분은 적분 구간이 x의 범위로 결정되었어요.
적분 범위는 x축 속의 어느 영역(예를 들어 a부터 b까지)이었잖아요.

맞아요. 그럼 **2변수함수** $z=f(x, y)$의 경우는 어떻게 될까요?
사실 이 경우에는 (x, y)의 쌍이 취할 수 있는 범위가 적분 범위가 되는 거죠.
아래 그림처럼 xy 평면 내의 한 영역(그림의 경우는 영역 D)이 적분 범위를 나타낸다고 할 수 있죠.

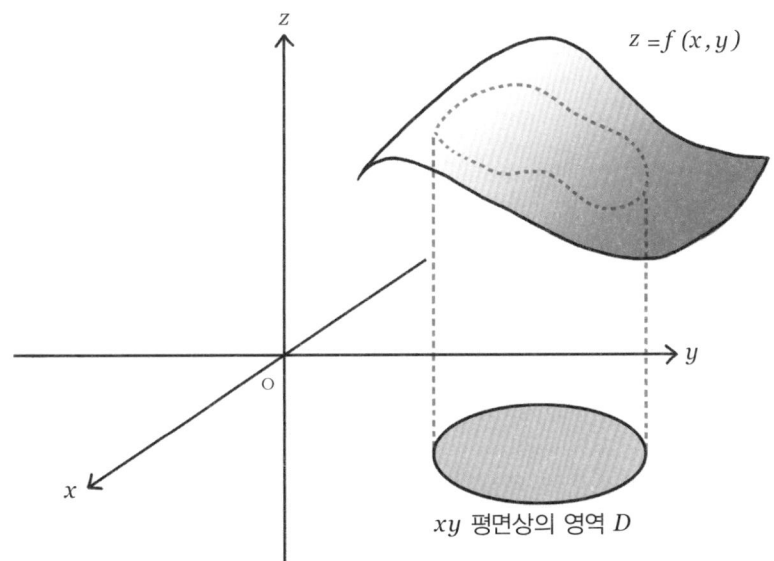

〈2변수함수의 경우, 적분 범위(영역)의 이미지〉

1변수함수의 경우는 적분 범위가 x축상의 선이었어요.
하지만 2변수함수의 경우는 위의 그림과 같이 적분 범위가 xy 평면 내의 면이었잖아요?
그래서 2변수함수의 적분은 '**면적분**'이라고 부르기도 합니다.
더 단순하게는 '**2중적분**'이라고 하죠.

그리고 영역 D는 반드시 면이 아니라 xy 평면 내 구불구불한 '선'이어도 됩니다.
그럴 때는 '**선적분**'이라고 해요.

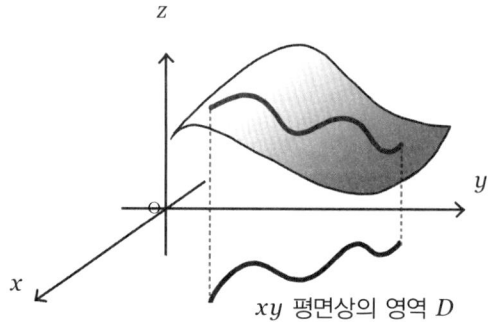

적분 범위가 면이라면 '면적분, 적분 범위가 선이면 '선적분'이라는 건가.
의미를 알면 꽤 단순하군요!

그래요. 그럼 **3변수함수** $w=f(x, y, z)$의 경우는 어떻게 될까요? 이 경우는 (x, y, z)가 취할 수 있는 범위로, 적분 범위는 xyz 공간 내의 '입체'가 되죠.

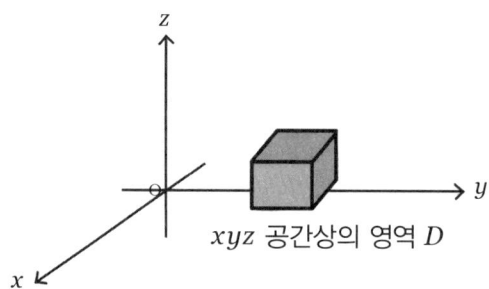

그래서 3변수함수의 적분을 '**체적적분**'이라고도 해요.
더 단순하게는 '**삼중적분**'이고요.

그럼 4변수함수 때는 어떤지 궁금하죠~?
하지만 이제 그림으로 나타낼 수 없으므로 특별한 이름은 없습니다. 보통 4중적분, 5중적분…식으로 이름을 붙이죠.
그래서 이러한 2개 이상의 변수에 대한 적분을 일반적으로 '**다중적분**' 혹은 '**중적분**'이라고 해요!

음, 다변수함수에서는 적분 범위도 확장되는 거네요.
'2변수함수의 적분'이라고 일일이 말하기보다 '면적분(2중적분)'이라고 말하는 편이 편하겠는데요. 이런 용어는 확실히 외워두는 게 좋겠어요!

면적분(2변수함수의 적분)의 개념

그럼 이제부터는 **면적분**의 의미를 생각해 보기로 해요.
1변수의 적분 순서를 떠올리면 이해하기 쉬울 거예요.
그리고 앞의 감자튀김(159쪽)도 확실히 떠올려보세요.

1변수의 적분에서는 정의된 구간 중에서 함수값 $f(x)×$미소 구간 Δx를 합쳤습니다.

$$\int f(x)dx \equiv \lim_{\Delta x \to 0} \sum_{i=1}^{n} f(\xi_i)\Delta x_i \quad (\xi_i 는 \ 구간 \ \Delta x_i 의 \ 점)$$

같은 작업을 2변수함수 $f(xy)$에 적용해 보겠습니다. 포인트는 감자튀김을 만드는 장면을 떠올리는 것입니다. 감자튀김은 감자를 직사각형 모양으로 썰어 튀긴 것입니다.
아래 그림의 영역 D는 반으로 자른 감자를 도마 위에 놓았을 때 감자의 한 단면이라고 생각하면 됩니다.

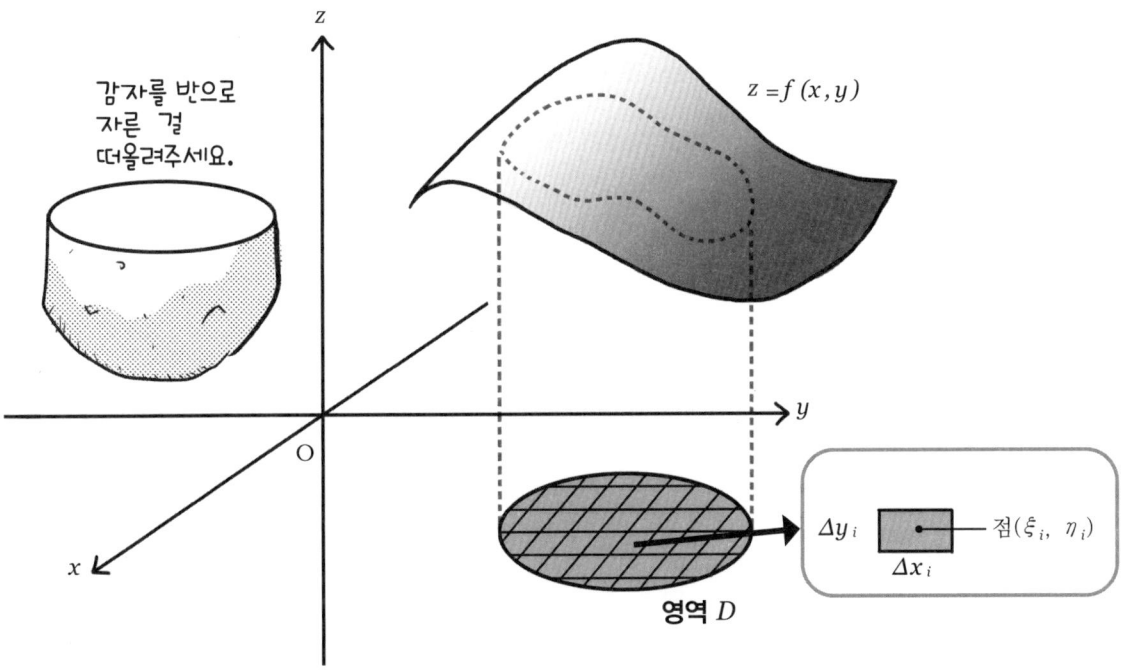

먼저 영역 D를 n개로 잘게 잘라 아주 작은 미소 영역 $D_1, D_2 \cdots, D_n$으로 합니다. 감자튀김용으로 잘게 썹니다. 예를 들면, 점(ξ_i, η_i)을 포함한 미소 영역 D_i는 x축 방향의 길이가 Δx_i이고, y축 방향의 길이가 Δy_i인 직사각형이라면, 그 넓이는 $\Delta S_i = \Delta x_i \Delta y_i$라고 쓸 수 있습니다. 이것은 감자튀김 한 개 한 개의 단면적에 해당합니다.

n개로 분할한 미소 영역 중 가장 큰 것의 넓이를 ΔS라고 하면 $\Delta x_i, \Delta y_i$ 양쪽을 작게 해 나가도록 해서 극한이 있는 값에 수렴할 때

$$\lim_{\Delta S \to 0} \sum_{i=1}^{n} f(\xi_i, \eta_i) \Delta S_i = \lim_{\Delta S \to 0} \sum_{i=1}^{n} f(\xi_i, \eta_i) \Delta x_i \Delta y_i$$

그 극한을 다음과 같은 식으로 나타냅니다.

$$\iint_D f(x,y) dxdy$$

이 계산은 대체 무엇을 의미할까요? $f(x, y)$는 위치(x, y)에서 잘린 감자튀김의 높이를 나타냅니다. $f(\xi_i, \eta_i) \Delta x_i \Delta y_i$는 '감자튀김 1개의 높이×단면적'이라고 할 수 있으므로 감자튀김 1개의 부피입니다. 무한히 가느다란 감자튀김을 많이 모은 것이기 때문에 구한 양은 감자튀김으로 만든 감자튀김의 부피가 됩니다.

좀 더 수학적으로 나타내면 $\iint_D f(x,y) dxdy$는 곡면 $z=f(x, y)$, xy 평면상의 영역 D, D의 경계를 지나 z축에 평행한 직선이 만드는 곡면에 의해 둘러싸인 입체의 부피와 같습니다.

특히 $f(x, y)=1$로 두면

$$\iint_D 1 dxdy = \iint_D dxdy$$

는 영역 D의 넓이 S와 동일합니다.

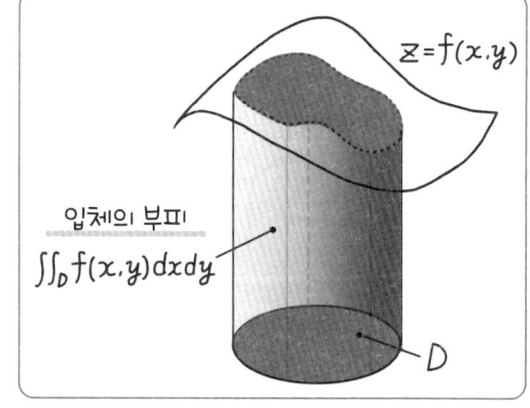

휴~ 좀 복잡하긴 했지만, 감자튀김과 감자 덕에 겨우 이해할 수 있었어요.
면적분(2중적분)은 ∫(적분기호, 인티그럴)도 **2개군요**.

네. 참고로, 체적적분(삼중적분)의 경우는 미소 구간이 입체가 돼요.
이 중에서 정의되는 함수를 합치는 거라서 그림으로 나타내기는 어렵지만, 면적분의 경우와 똑같이 적분할 수 있어요.

체적적분(삼중적분)은 $\iiint_D f(x,y,z) dxdydz$가 되고, ∫도 **3개예요**.

◆ 면적분(2변수함수의 적분)을 계산해보자

그럼 이제는 실제로 면적분을 어떻게 계산해야 할지에 대해 알아보겠습니다.
기호가 많이 나오면 어려워 보일 수도 있지만 헷갈려하지 말고 변수 a와 변수 y의 **2변수**를 확실히 의식해야 해요!
적분은 '아주 잘게 나눈 것을 합친다'는 뜻이었잖아요. 여기서 포인트는 2변수이므로 '한 쪽의 변수를 일단 고정하고 적분해간다'는 것을 의미합니다.

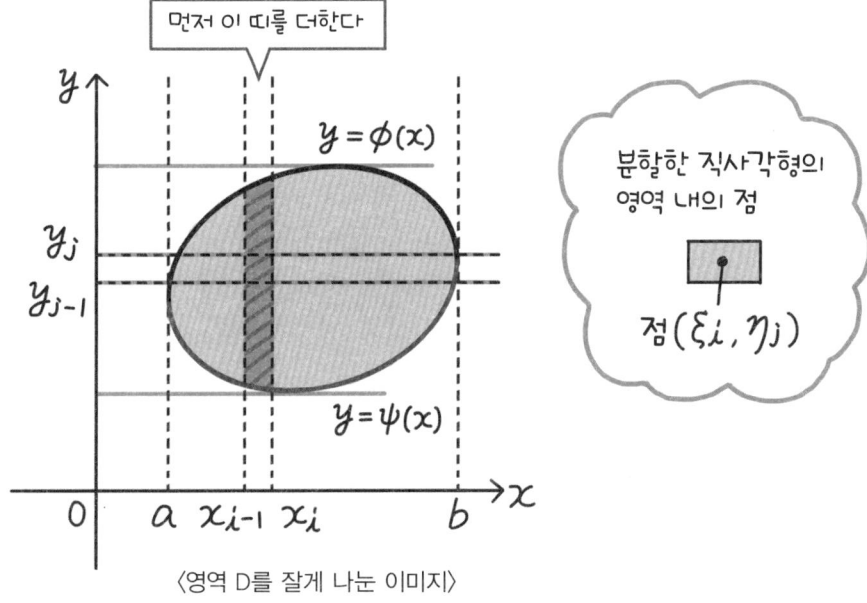

〈영역 D를 잘게 나눈 이미지〉

면적분의 계산에 대해서 차례로 생각해 보겠습니다. 위의 그림과 같이,

$$D : a \leq x \leq b, \quad \psi(x) \leq y \leq \phi(x)$$

로 나타내는 영역의 면적분에 대해서 생각해 보기로 해요.
영역 D를 나눠 보겠습니다. 먼저 y축에 평행인 직선 $x=x_i(i=0, 1, 2, \cdots, n)$에 따라 세로로 길게 자르면 됩니다. 여기서 $x_0=a$, $x_n=b$로 합니다. 그런 다음에 x축에 평행인 직선 $y=y_j(j=0, 1, 2 \cdots, m)$에 따라 가로로 길게 자릅니다. 이렇게 하면 직사각형 미소 영역의 집합이 됩니다.

$$D_{ij} = \{(x, y) : x_{i-1} \leq x \leq x_i, y_{j-1} \leq y \leq y_j\}$$

주의해야 할 것은 이 방법으로 나눈 직사각형의 영역 모두가 영역 D 속에 있는 것이 아니라는 겁니다. 직사각형의 구석 부분이라는 거지요. 그러므로

165

적당한 m_i, $M_i (m_i < M_i)$를 선택해서 $m_i \leq j \leq M_i$을 만족시키는 j에 대해서만 D_{ij}와 D가 공통점을 갖는다는 식으로 해 두겠습니다. 각 영역 내의 점을 나타내려면 $x_{i-1} \leq \xi_i \leq x_i$, $y_{j-1} \leq \eta_j \leq y_j$가 되는 (ξ_i, η_j)을 선택하면 됩니다.

그럼 적분해 보겠습니다. 우선 i를 고정하고 y 방향에 따라 $f(\xi_i, \eta_j) \times (y_j - y_{j-1})$를 더한 다음에 i에 관한 합을 취합니다.

$$\underbrace{\iint_D f(x,y)dxdy}_{\substack{\text{면적분} \\ \text{(2중적분)}}} = \lim_{\Delta S \to 0} \sum_{i=1}^{n} \overbrace{\left(\underbrace{\sum_{j=m_i}^{M_i} f(\xi_i, \eta_j)(y_j - y_{j-1})}_{\substack{x\text{좌표}(i)\text{를 고정하고} \\ y\text{방향으로 더한다}}} \right) (x_i - x_{i-1})}^{x \text{ 방향으로 더한다}}$$

$\Delta S \to 0$인 극한을 취할 때, $(y_j - y_{j-1})$과 $(x_i - x_{i-1})$도 0에 가까워집니다. 위 식의 큰괄호 안은 잘 보면 일반적인 1변수적분입니다. 여기라면 할 수 있겠죠!

적분 범위는 $x = \xi_i$로 고정되어 있을 때 y가 취할 수 있는 범위이므로 $\Psi(\xi_i)$에서 $\phi(\xi_i)$ 까지입니다. 그러므로 다음과 같습니다.

$$\sum_{j=m_i}^{M_i} f(\xi_i, \eta_j)(y_j - y_{j-1}) \to \int_{\psi(\xi_i)}^{\phi(\xi_i)} f(\xi_i, y) dy \equiv g(\xi_i)$$

이것은 앞의 그래프(165쪽) 왼쪽 세로 띠를 하나 너한 것에 해당합니다. 이 적분 결과는 이미 변수 y가 없어지고 ξ_i만의 함수가 되었습니다. 이것을 다시 i에 대해서 더해 줍니다. 이것도 1변수의 적분입니다. x가 취할 수 있는 범위는 $a \leq x \leq b$이므로 다음과 같습니다.

$$\sum_{i=1}^{n} g(\xi_i)(x_i - x_{i-1}) \to \int_a^b g(x)dx$$

따라서 원래의 면적분은

$$\iint_D f(x,y)dxdy = \int_a^b dx \int_{\psi(x)}^{\phi(x)} f(x,y)dy$$

다음과 같이 y, x 순으로 두 번 1변수적분을 해서 계산합니다.

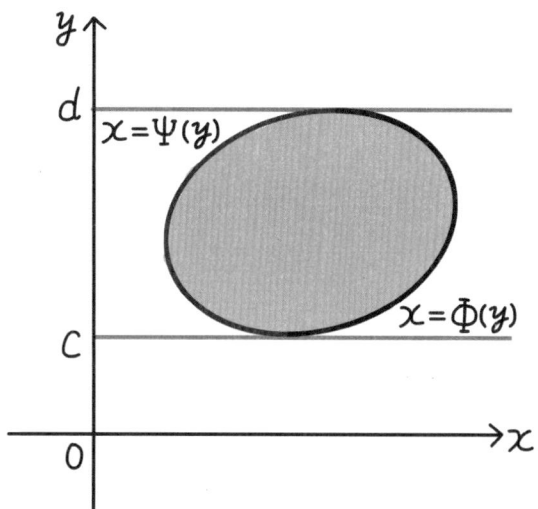

그럼 다시 한번 앞 그래프의 영역을 살펴보겠습니다.

그러면 위의 그림과 같이 같은 영역을 $\Psi(y) \leq x \leq \Phi(y)$, $c \leq y \leq d$라고 정의할 수도 있습니다. 이때 면적분을 $x \to y$의 순서로 해도 상관없습니다. 그러면 다음과 같이 나타낼 수 있습니다.

$$\iint_D f(x,y)dxdy = \int_c^d dy \int_{\Psi(y)}^{\Phi(y)} f(x,y)dx$$

적분의 순서는 바꿔도 상관없다는 말입니다. 그러므로 좋아하는 쪽(계산하기 쉬운 쪽)부터 계산해도 상관없습니다.

이와 같이 변수 하나하나에 대해(다른 변수는 일단 고정하면서) 하는 적분을 **누차적분**이라고 합니다. 체적적분 $\iiint_D f(x,y,z)dxdydz$ 나 더욱 다변수인 적분에서도 적분 방법은 기본적으로 똑같습니다.

극좌표, 원기둥좌표, 구좌표의 적분

 지금까지는 직교좌표계에서 하는 적분만을 다루었는데요.
하지만 경우에 따라서는 **극좌표**와 **원기둥좌표**, **구좌표**를 사용하고 싶어질 수 있잖아요.
그때 **다중적분**(면적분, 체적적분)은 어떻게 되는지를 살펴볼게요.

◇ 극좌표에서 면적분을 하고 싶을 때

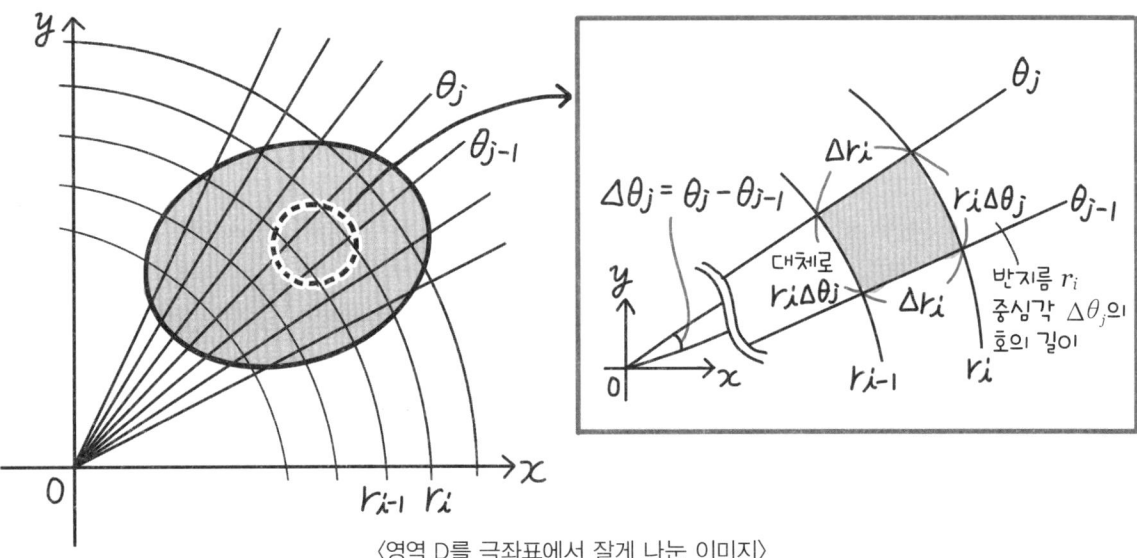

〈영역 D를 극좌표에서 잘게 나눈 이미지〉

위 그래프는 영역을 극좌표로 나눈 것입니다. 극좌표는 원점 O부터의 거리 r과, x축 정방향에 대한 각도 θ로 나다냅니다. 여기시는 원점 O을 중심으로 하는 반지름 $r=r_i(i=0, 1, 2,\cdots)$인 원과, 원점 O에서 뻗어 있는 반직선 $\theta=\theta_j(j=0, 1, 2\cdots)$으로 나누는 것으로 하겠습니다. 이때 아주 작은 미소 영역의 넓이는 어떻게 될까요?

아주 작기 때문에 사실은 같지 않지만 직사각형과 근사시켜도 상관없습니다. 이 경우 r 방향의 길이는 $\Delta r_i = r_i - r_{i-1}$입니다. θ방향의 길이는 r에 의해 바뀝니다. 같은 θ_j를 선택해도 넓이가 바뀌는 것입니다. i를 고정했을 때 θ방향의 직사각형 길이는 대략 $r_i \Delta \theta_j$입니다. 그러므로 이 미소 영역의 넓이는 $\Delta r_i \times (r_i \Delta \theta_j) = r_i \Delta r_i \Delta \theta_j$가 됩니다. $x = r\cos\theta$, $y = r\sin\theta$로 나타낼 수 있으므로 다음과 같이 좌표변환을 할 수 있습니다.

$$\iint_D f(x, y) dx dy = \iint_D f(r\cos\theta, r\sin\theta) r dr d\theta$$

이것을 누차적분(반복적분) 하면 되는 것입니다. 다만, 누적적분 범위(영역 D의 경계)를 r, θ에 대한 조건으로 바꾸는 것을 잊지 말아야 합니다.

◇ 원기둥좌표, 구좌표에서 체적적분을 하고 싶을 때

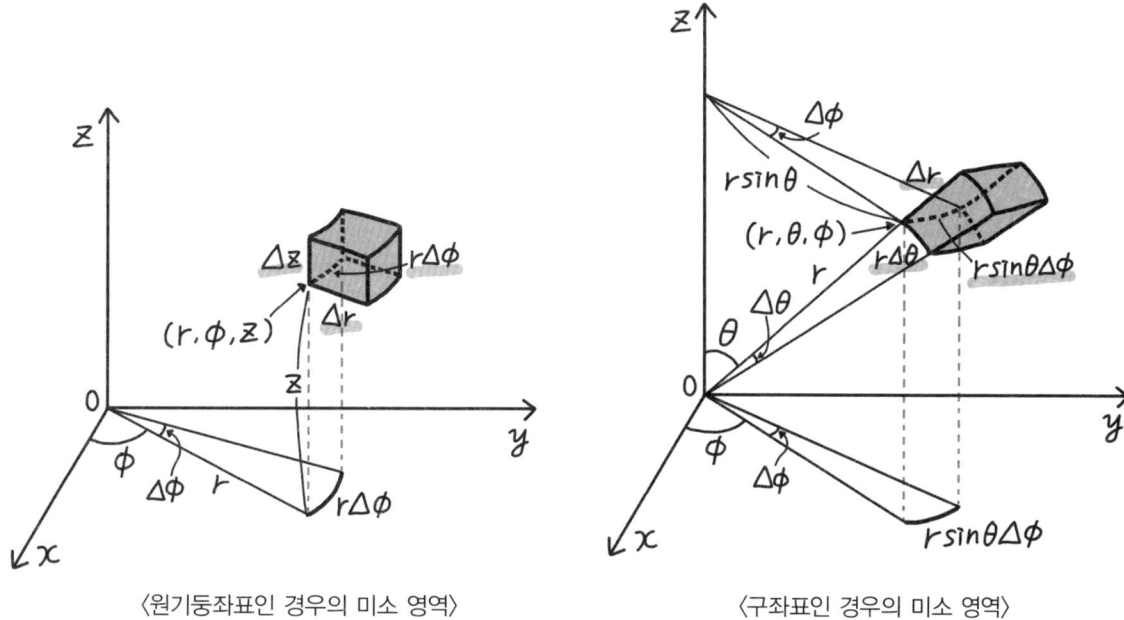

〈원기둥좌표인 경우의 미소 영역〉 〈구좌표인 경우의 미소 영역〉

마찬가지로 원기둥좌표, 구좌표에서 체적적분을 하고 싶을 때도 미소 영역의 부피를 원기둥좌표, 구좌표로 나타낼 필요가 있습니다.

원기둥좌표의 경우는 미소 영역의 형태가 파인애플 조각과 같은데, 아주 작은 것이므로 직육면체와 근사시켜서 부피를 내면 됩니다. 이 부피를 r, ϕ, z로 나타내면,
$\Delta V = \Delta r \times r\Delta\phi \times \Delta z$가 되고, 부피 요소는 $dV = r\, dr\, d\phi\, dz$가 됩니다. 위 왼쪽 그림을 참조해 주시기 바랍니다.

마찬가지로 구좌표의 경우는 어떨까요? 이 경우는 위의 오른쪽 그림처럼 미소 영역이 나무쐐기처럼 되는데 이것도 직육면체로 해보겠습니다.

부피를 r, θ, ϕ로 나타내면 $\Delta V = \Delta r \times r\Delta\theta \times r\sin\theta\Delta\phi$이고,
부피 요소는 $dV = r^2 \sin\theta\, dr\, d\theta\, d\phi$입니다.

5. 미분방정식이란?

◆ 미분방정식에서는 함수의 해를 구할 수 있다

오늘은 마무리로 **미분을 포함한 방정식** '**미분방정식**'에 대해서 살펴보기로 해요.

우선은 여길 보세요.

보통의 방정식을 풀면 숫자 해를 구할 수 있잖아요?

하지만 미분방정식을 풀면 '**함수**' 해를 구할 수 있어요!

멋지다~♪
짜~잔♪

보통의 방정식	미분방정식
$2x = 4$	$y' = f(x)$
⬇	⬇
해) $x = 2$ 숫자	해) $y = \int f(x)\,dx$ 함수!

…음

함수 해가 구해져도 별로 속이 시원하지 않다고 할까, 도무지 감이 안 잡히는데요.

으 -음

미분방정식이 어디에 도움이 되죠?

$$\frac{d^2x}{dt^2} + \frac{k}{m}x = 0$$

$$\frac{dN(t)}{dt} = -pN(t)$$

$$m\frac{d^2x}{dt^2} = -kx - b\frac{dx}{dt}$$

운동방정식도 잘 보면 사실 미분방정식이에요!
(174쪽 참고)

$$F = m\frac{d^2x}{dt^2}$$

앞으로 크게 도움이 될 거예요!

물리학에서는 모든 곳에 미분방정식이 나오니까요.

그런 미분방정식으로부터 함수 해를 얻으면 **여러 가지 물리현상을 고찰할 수 있게** 되거든요.

오~ 미분방정식은 쉽지 않겠지만 물리현상에는 흥미가 생기네요!

# 미분방정식 용어

 우선 미분방정식 용어를 좀 살펴볼게요.
앞에서 설명한 이 그림을 떠올려보세요.

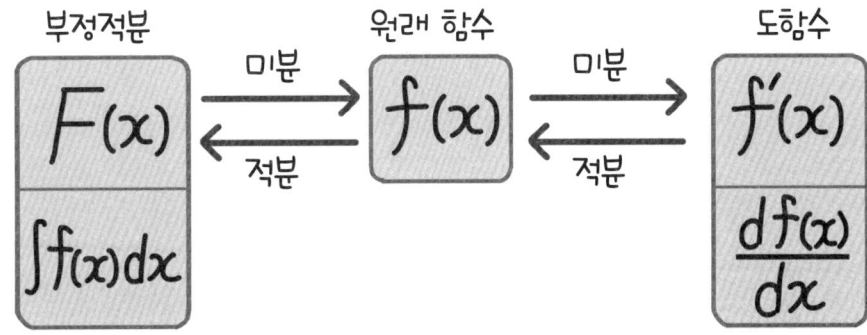

 미분방정식은 이름 그대로 **미분이 포함된 방정식**을 말하는 거예요.
다른 말로 표현하자면 **도함수**가 포함된 **등식**으로 '미분한 함수와 원래 함수와의 관계'를 나타낸다고 할 수 있어요.

 아아, 분명히 앞에서 봤던 식 $y'=f(x)$(170쪽 참조)는 아주 단순하게 '미분한 함수(도함수)와 원래 함수와의 관계'를 나타낸 거군요.

 미분방정식에는 독립변수가 하나인 '상미분방정식'과 독립변수가 여럿 있는 '편미분방정식'이 있는데, 지금부터 다루는 건 상미분방정식이에요.
다루는 미분계수에 따라서는 1계미분방정식, 2계미분방정식이라고 하기도 하죠.

 음, 미분방정식의 해를 구하는 문제에서 '**일반해**(general solution)'라든가 '**특수해**(particular solution)'란 말을 들어 본 적이 있긴 한데…. 그건 무슨 뜻인가요?

 항상 방정식을 만족시키는 해가 일반해인데 **임의의 상수**가 포함되어 있는 거죠.
일반해 중에 주어진 조건을 만족시키는 해가 특수해예요.

예를 들면 1계미분방정식의 경우, 일반해는 하나의 임의의 상수를 포함해요.
이것은 적분을 한 번 하면 미분이 없어진다는 점에서 상상할 수 있을 거예요. 그러니까 하나의 조건만으로 특수해가 정해지는 거죠.
n계 미분방정식의 해는 n개의 임의 상수를 포함하므로, 초깃값 혹은 경계값이 총 n개 필요해요.

그리고 1계미분방정식의 경우 특정의 점 x_0에서 초기 조건 $y(x_0)=y_0$를 만족시키는 '**특수해**'를 구하기도 해요. 이걸 초깃값 문제를 푼다고 하지요.

초깃값이란 건 정말 중요할 것 같아요.
시간 경과와 함께 위치가 바뀌는 물체의 운동을 생각할 때….
'원래 시간의 경과가 0일 때는, 물체가 어느 위치에 있는가'와 같은 초기 조건이 궁금해지기 마련이죠.

그래서 이것저것 설명했어요. 이제 '미분방정식' 문제에 대해 생각하고 넘어가죠.

우선은 '**변수분리형**'이라는 미분방정식의 해법을 소개할게요. 그런 다음에 두 물리 문제를 살펴보기로 하죠.

운동방정식은 미분방정식이다!

물리에서는 곳곳에서 미분방정식이 나옵니다.
예를 들어 $F=ma$라는 운동방정식이 있는데, 잘 보면 가속도 a는 위치 x의 시각 t에 의한 2계도함수이기 때문에 $F=m\dfrac{d^2x}{dt^2}$이라는 미분방정식입니다.

용수철 운동을 생각해 보겠습니다. 용수철 상수(탄성계수) k인 용수철에 걸리는 힘은 늘어난 용수철 x에 비례하므로 $F=-kx$로 썼습니다. 이와 $F=m\dfrac{d^2x}{dt^2}$을 합하면

$$\frac{d^2x}{dt^2} + \frac{k}{m}x = 0$$

다음과 같은 미분방정식을 얻을 수 있습니다.

미분방정식 푸는 법

우선 1계의 미분방정식 중, 해법이 잘 알려져 있고 물리에서도 곧잘 등장하는 '변수분리형'이라 불리는 미분방정식에 특화해서 공부해 볼까요.
$\frac{dy}{dx}$가 x만의 함수 $P(x)$와 y만의 함수 $Q(y)$와의 곱으로 나타내는 미분방정식을 풀어 보겠습니다.

$$\frac{dy}{dx} = P(x)Q(y)$$

$Q(y) \neq 0$으로 해서 $Q(y)$로 양변을 나누면 다음과 같습니다.

$$\frac{1}{Q(y)}\frac{dy}{dx} = P(x)$$

여기서 양변을 x로 적분하면

$$\int \frac{1}{Q(y)}\frac{dy}{dx}dx = \int P(x)dx$$

여기서 좌변을 잘 보면 $\frac{dy}{dx}dx = dy$이므로 임의의 상수를 양으로 나타내 다시 쓰면 다음과 같은 식이 됩니다.

$$\int \frac{1}{Q(y)}dy = \int P(x)dx + C \quad \cdots\cdots ①$$

★ 두 변수(y와 x)가 좌변의 적분과 우변의 적분으로 각각 분리되었습니다!

이렇게 되면 양변 모두 단순한 1변수 적분이므로 적분해서 x와 y를 만족시키는 관계식을 낼 수 있습니다.
여기서 $Q(y) \neq 0$으로 한 것을 궁금해하는 사람이 있을지도 모릅니다. $Q(y)=0$일 때, 원래 식은

$$\frac{dy}{dx} = P(x)Q(y) = P(x) \times 0 = 0$$

이고, $y=a$라는 상수가 해가 됩니다.

변수분리형이라는 이름의 의미를 이제 알겠어요. 위의 식 ①에서는 적분을 나타내는 기호(∫)가 양변에 있고, 두 변수가 좌우로 분리되어 있군요. 저 형태로 하는 게 중요한 거군요!

그럼, 지금부터는 물리에 대한 응용 사례를 소개할게요.
우선은 '**방사성 동위 원소의 원자 붕괴**'에 대한 문제를 생각해보기로 해요.
이 문제는 변수분리형으로 풀 수 있거든요.

문제 방사성 동위 원소의 원자 붕괴 문제

먼저 '원자 붕괴(불안정한 원자가 방사선을 방출하면서 붕괴하여 안정한 원자로 바뀌는 현상)'에 대한 기초 지식을 설명할게요.

방사성 동위 원소의 원자는 일정한 확률로 붕괴합니다. 아래 그림에는 시간 T 동안에 1/2 확률로 붕괴하는 원자가 그려져 있습니다.

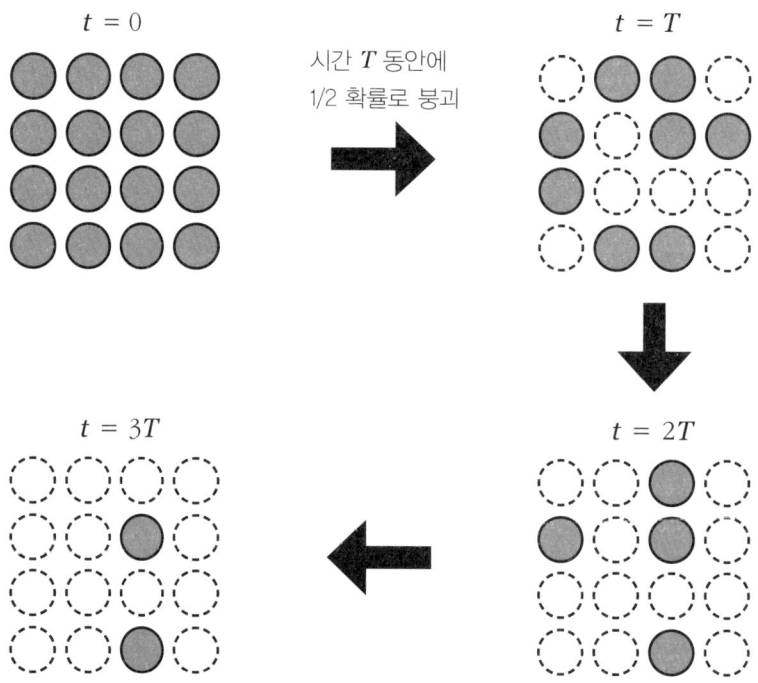

$t=0$에서는 16개 원자가 있지만, $t=T$에서는 원자 절반이 붕괴하므로 나머지 8개입니다. $t=2T$에서는 다시 절반인 4개로, $t=3T$에서는 2개가 됩니다. 그 확률은 온도나 어떤 화합물 속에 있는지 등과는 관계가 없습니다.

시간이 갈수록 원자수가 어떻게 변화하는지 살펴 보겠습니다.

 ## 방사성 동위 원소의 원자 붕괴 문제

시각 t에서 어떤 방사성 동위 원소의 원자수를 $N(t)$, 붕괴 확률을 p로 해 보겠습니다.

붕괴에 따른 단위 시간당 $N(t)$의 변화량은 $\frac{dN(t)}{dt}$라고 씁니다.

한편, 하나하나의 원자가 붕괴할 확률을 이용하면 붕괴하는 개수는 $pN(t)$이라고 쓸 수 있습니다. 그러므로 다음과 같은 미분방정식이 나옵니다.

$$\frac{dN(t)}{dt} = -pN(t)$$

우변에 −가 붙는 것은 개수가 줄어가기 때문입니다. 이것을 풀면 방사성 원소가 어떤 식으로 붕괴하여 줄어가는지 알 수 있습니다.

시각 $t=0$에서의 방사성 원소의 원자수를 $N(0)=N_0$로 해보겠습니다. 이것이 초기 조건이 됩니다. 미분방정식을 변수 분리해서 적분합니다. 우선 양변에 dt를 곱하고 $N(t)$로 나눕니다.

$$\frac{dN(t)}{N(t)} = -p\,dt$$

양변을 적분해서, $\int \frac{dN(t)}{N(t)} = -p \int dt$

★ 두 변수(N과 t)가 각각 좌변의 적분과 우변의 적분으로 분리되었습니다!

적분을 해서, $\log|N(t)| = -pt + C$ (C는 임의의 상수)

$$N(t) = \pm e^{-pt+C} = Ae^{-pt} \quad (A = \pm e^C)$$

여기서 초기 조건을 대입해 보겠습니다.

$$N(0) = N_0 = Ae^{-p \cdot 0} = A$$

그러면 다음과 같이 임의의 상수를 포함하는 부분을 N_0로 나타낼 수 있습니다. 이렇게 하면 시각 t에서의 원자수를 다음과 같이 나타낼 수 있습니다.

$$N(t) = N_0 e^{-pt} \cdots\cdots ①$$

방사성 동위 원소의 원자수는 시각 $t=0$에서의 개수 N_0와 붕괴의 확률 p만으로 결정되고, 지수함수적으로 감소해 가는 것을 알 수 있습니다. p는 이 함수의 특징적인 매개 변수이므로 방사성 원소의 붕괴 특징은 p로 나타낼 수 있습니다.

다만 $\frac{1}{e}$이 될 때를 측정하는 것은 $\frac{1}{2}$이 될 때를 측정하기보다 힘듭니다. 그래서 흔히 사용하는 것이 원래의 방사성 원소의 원자수가 절반이 되는 데 걸리는 시간 '반감기'입니다. 여기서는 반감기를 τ(타우)로 하겠습니다. 위의 식 ①에 대입하면 다음과 같이 됩니다.

$$N(\tau) = \frac{1}{2}N_0 = N_0 e^{-p\tau}$$

$$\frac{1}{2} = e^{-p\tau}$$

$$\log \frac{1}{2} = -p\tau$$

$$-\log 2 = -p\tau$$

$$\tau = \frac{\log 2}{p} \quad \cdots\cdots ②$$

반감기를 p로 나타낼 수 있었습니다. 또한 이로써 $N(t) = N_0(e^{\log 2})^{-\frac{t}{\tau}} = N_0 \times 2^{-\frac{t}{\tau}}$ 라고 쓸 수 있습니다.

오오~! 정말 변수분리형으로 해서 미분방정식을 풀 수 있군요!
식 ①의 함수에 초기 개수 N_0과 확률 p를 대입하면 그 시각의 원자수를 알 수 있고,
식 ②의 함수에 확률 p를 대입하면 그 방사성 원소의 반감기를 알 수 있어요.
이 함수가 있으면 여러 가지 방사성 원소의 원자수에 대해서 고찰할 수 있으니까 참 편리하네요.

맞아요♪ **함수의 해**에 대해서, 정민 씨는 '답이 분명하지 않고 속이 시원하지 않다'고 했었죠. 하지만 이러한 실례를 보면 함수의 해가 얼마나 편리하고 물리에 도움이 되는지 알 수 있어요.

친근한 방사선 동위 원소, 칼륨 40

방사성 동위 원소에 ⁴⁰K(칼륨 40)가 있습니다.
이것은 자연의 방사성 동위체로 우리 몸속에도 많이 있습니다. 또한 칼륨은 흙(지면)에 많이 함유되어 있으므로, 예를 들어 도기 세면대 등에 방사선 검출기를 대면 반응을 보이기도 합니다.

$$^{40}_{19}\text{K} \rightarrow ^{40}_{20}\text{Ca} + \text{e}^- + \overline{\nu}_e$$

(칼륨 40은 방사성 붕괴로 인해 칼슘 40이 됩니다)

⁴⁰K의 반감기는 12.48억 년으로 매우 길어 지구가 탄생했을 때 입력된 ⁴⁰K가 지금도 천천히 붕괴하면서 존재한다고 할 수 있습니다.

 다음은 '**추와 용수철과 대시포트 문제**'를 살펴보기로 해요.
구체적으로 말하자면 문의 댐퍼 움직임 등과 관련된 문제입니다.
이 문제에서는 2계미분방정식을 다룰 거예요. 잘 따라와 주세요.

문제   추와 용수철과 대시포트 문제

먼저 '점성 저항력'과 '대시포트'에 대한 기초 지식을 살펴보기로 해요.

욕실에서 물을 손으로 휘저을 때 손을 빨리 움직이면 물의 저항으로 손이 잘 안 움직이는 것처럼 느껴지기도 하죠. 손을 대기만 해서는 저항이 느껴지지 않아요.

자전거를 타고 달릴 때도 빠르면 빠를수록 바람의 저항을 크게 받습니다. 강 가운데에 서 있을 때도 강의 흐름이 빠를수록 발에 강한 힘이 느껴집니다.

이처럼 특히 점성이 높은 유체 속을 천천히 운동하는 물체에 작용하는 힘을 '점성 저항력'이라고 합니다. 점성 저항력은 속도에 비례하고 속도의 반대 방향으로 작용합니다.

질량 m의 물체에 작용하는 점성 저항력을 살펴보겠습니다. 비례 상수를 $b(b>0)$으로 하면 운동방정식은 다음과 같은 2계미분방정식이 됩니다.

$$ma = m\frac{d^2x}{dt^2} = -b\frac{dx}{dt}$$

점성 저항력은 물체의 운동을 제어할 때도 도움이 됩니다. 기름이 든 실린더 속을 움직이는 피스톤을 보면 피스톤의 움직임과 항상 반대 방향에 점성 저항력이 작용해 운동을 완화시킵니다. 이러한 소자를 '대시포트(완충·제동장치)'라고 합니다.

우리 주변에 가장 가까이 있는 대시포트는 문의 댐퍼입니다. 문이 쾅 하고 세게 닫히지 않도록 하는 역할을 합니다.

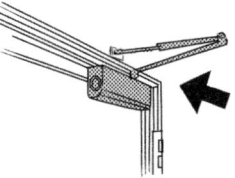

그럼, 질량 m의 추에 대시포트와 용수철 상수(탄성계수) k의 용수철을 병렬로 장치했을 때의 물체 운동을 생각해 보겠습니다. 추의 운동, 용수철의 신축, 대시포트에 의한 점성 저항력은 동일 방향으로 합니다.

 **추와 용수철과 대시포트 문제**

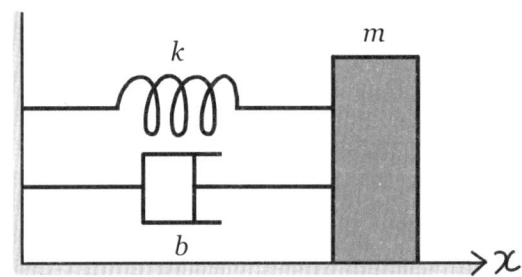

위의 그림과 같이 질량 m인 추가 용수철 상수 k인 용수철과 저항력 상수 b인 대시포트로 연결된 계를 생각해 보겠습니다. 용수철이 자연 길이일 때를 $x=0$으로 하면 운동방정식은 다음과 같습니다.

$$m\frac{d^2x}{dt^2} = -kx - b\frac{dx}{dt}$$

여기서 용수철의 고유 각진동수를 $\omega_0 = \sqrt{\frac{k}{m}}$ 로 하고, $\gamma = \frac{b}{2m}$ 로 하면, 우변의 항을 전부 좌변으로 이항하고 양변을 m로 나누어 다음 식을 구할 수 있습니다.

$$\frac{d^2x}{dt^2} + 2\gamma\frac{dx}{dt} + \omega_0^2 x = 0$$

이 미분방정식은 좀 풀기 어렵지만 해가 다음과 같은 형태가 된다고 가정하면 풀 수 있습니다.

$$x(t) = Ce^{pt} \quad (C, p\text{는 상수})$$

이 식을 미분방정식에 대입하면

$$\frac{dx}{dt} = pCe^{pt} = px, \quad \frac{d^2x}{dt^2} = p^2Ce^{pt} = p^2x$$

이므로 미분방정식은 p의 2차 방정식이 됩니다.

$$p^2 + 2\gamma p + \omega_0^2 = 0$$

여기서 2차 방정식 $ax^2+bx+c=0$의 해는 다음과 같습니다.

$$x = \frac{-b \pm \sqrt{b^2 - 4ac}}{2a}$$

따라서 이 방정식에서는 $a=1, b=2\gamma, c=\omega_0^2$라는 것을 이용해 다음과 같이 풀었습니다.
$$p = -\gamma \pm \sqrt{\gamma^2 - \omega_0^2}$$
이 해로 알 수 있는 운동은 루트($\sqrt{\ }$)속의 값의 플러스 마이너스(양수와 음수)에 따라 다음과 같이 바뀝니다.

① $\gamma > \omega_0$의 경우

대시포트에 의한 저항력 효과가 용수철 효과보다 큰 경우입니다.
이때 p는 플러스 마이너스 어느 해가 되어도 음의 실수가 되며, 추의 운동은
$x(t) = e^{-\gamma t}(Ae^{\sqrt{\gamma^2-\omega_0^2}\,t} + Be^{-\sqrt{\gamma^2-\omega_0^2}\,t})$ (A, B는 임의의 상수)가 되어 약해집니다.

② $\gamma < \omega_0$의 경우

용수철의 진동 효과가 대시포트에 의한 저항력 효과보다 큰 경우입니다.
이때 루트의 속은 음수가 되며, 루트를 씌우면 허수가 됩니다. 따라서 제6장(222쪽)에서 다룰 오일러의 공식을 적용하면 $x(t) = e^{-\gamma t}\{A\sin(\sqrt{\omega_0^2-\gamma^2}\,t) + B\cos(\sqrt{\omega_0^2-\gamma^2}\,t)\}$ (A, B는 임의의 상수)가 되며, 운동은 진동하면서 약해지게 됩니다. 이러한 운동을 '감쇠진동'이라고 합니다.

③ $\gamma = \omega_0$의 경우

용수철 효과와 대시포트의 효과가 똑같은 경우입니다.
이때 루트의 속은 0이 됩니다. 이때 $x(t)$의 일반해는 $x(t) = (A+Bt)e^{-\gamma t}$ (A, B는 임의의 상수)가 되는 것으로 알려져 있습니다. 이때도 운동은 진동하지 않고 약해집니다. 이러한 감쇠를 진동을 하는 상태와 하지 않는 상태의 경계라는 의미로 '임계 감쇠'라고 합니다.

   각 운동의 경우를 그림으로 나타냈습니다.

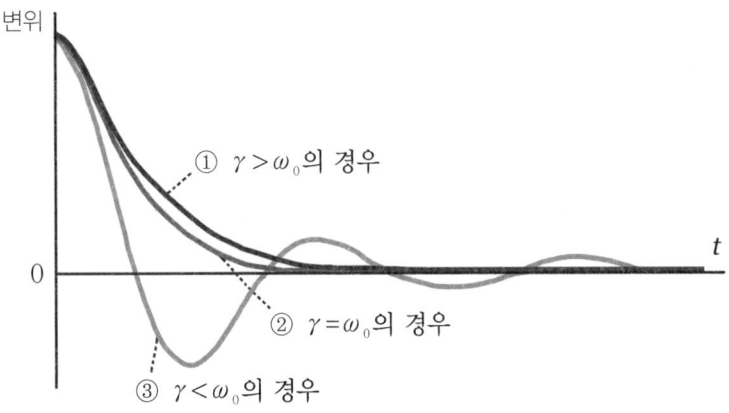

오오~!
함수의 해가 구해지니까 여러 가지 운동을 고찰할 수 있군요.
이런 함수가 있으면 문 댐퍼를 설계할 때도 편리하겠어요.

네♪ 문은 갑자기 쾅 하고 닫히기도 하고, 언제까지나 닫히지 않고 적당한 속도로 천천히 닫히는 경우도 있잖아요.
물리학적 계산이나 조절을 할 수 있기 때문에 우리 생활이 쾌적한 거예요.

 **'추와 용수철과 대시포트'와 전기회로가 같은 식?**

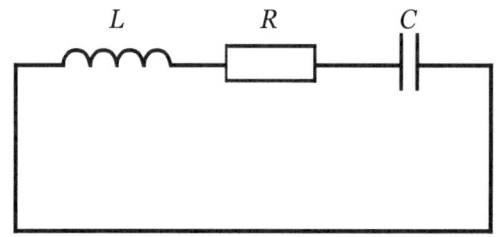

앞의 미분방정식은 추와 용수철과 대시포트의 계뿐만 아니라 전기회로에서도 완전히 똑같은 식이 나옵니다.

인덕턴스 L의 코일, 저항값 R의 저항, 커패시턴스 C의 콘덴서를 직렬로 이은 위 그림과 같은 회로에서는 콘덴서에 축적되는 전하 q가 추의 변위 x에, 전류는 전하의 시간변화 $\dfrac{dq}{dt}$이므로 추의 속도 $v=\dfrac{dx}{dt}$로, 인덕턴스 L은 추의 질량 m으로, 저항값 R은 점성 저항력의 계수 b로, 커패시턴스의 역수 $\dfrac{1}{C}$는 용수철 상수 k로 바꾸면 완전히 똑같은 미분방정식이 됩니다.

이처럼 하나의 미분방정식을 풀기만 해도 몇 가지 물리 문제가 풀리게 됩니다.

제 5 장

벡터 해석

1. 기울기(grad), 발산(div), 회전(rot)

벡터 해석을 위해서는

grad(gradient)
div(divergence)
rot(rotation)

라는 **3**가지 도구(툴)를 잘 사용해야 해요.

| grad | div | rot |

↓ 벡터 연산자 툴!

벡터 연산자 라고 하죠.

아… 그 주문 같은 3세트

많이 보긴 했지만 대체 뭔지…

단순하게 말하면 이런 의미죠!

이미지를 파악하는 게 중요해요.

grad (기울기)	**div** (발산)	**rot** (회전)
산을 오르는 이미지	물이 솟아 나오는 이미지	소용돌이 이미지

나중에 천천히 설명해줄게요.

벡터장이란?

우선은 '**벡터장**(vector field)'에 대해서 살펴보기로 할게요.
벡터장에서는 벡터가 위치 함수예요.

어떤 공간에서 '어느 한 점의 **위치가 정해지면 벡터(크기, 방향을 갖는 물리량)도 정해진다**'
라는 거 말이에요.

음, 저기 아래 그림과 같이 태풍이 불 때의 바람(공기의 흐름)을 상상하면 알기 쉬울 것 같아요.
'도쿄도 스미다구에서는 북동쪽으로 부는 바람, 최대 풍속 40m/s'라는 느낌으로…
위치에 따라 벡터(방향, 크기)가 정해집니다.

※여담이지만, 일기 예보에서 말하는 '바람'은 바람이 불어오는 방향을 나타냅니다.
　이 예의 경우, 스미다구에서는 '남서풍'이라고 해요.

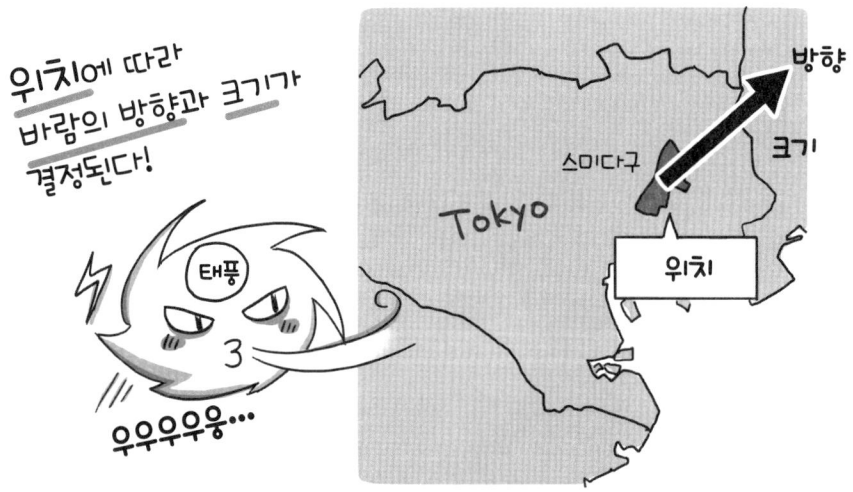

참고로 온도는 스칼라인데요.
스칼라장은 위치에 따라서 스칼라가 정해집니다.
예) '도쿄도 스미다구의 기온은 32℃'

맞아요!
이 **벡터장의 성질을 알아보는 것**이 벡터 해석이거든요.

예를 들면 '유체역학'에서는 공기나 물이 흐르는 속도를 조사하기도 해요.
태풍의 예는 바로 공기의 흐름을 생각한 거지요.

 그리고 '전자기학'에서 다루는 전기장(전기력이 작용하는 공간)과 자기장(자력이 작용하는 공간)도 바로 **벡터장**이에요.
아래 그림은 자기장의 이미지입니다.

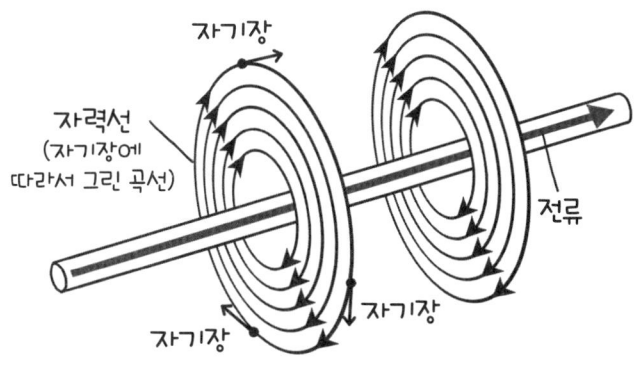

참고로, 이 벡터장의 '장(場)'이란 것은 구체적인 장소가 아니에요.
물리현상이 일어나고 있는 '공간적 확장'이라고 생각해주세요.
그리고 '장'은 눈에 보이는 것이 아니니까요.

 아, 그렇구나. '전자기학'에서 다루는 전기장과 자기장은 눈에는 보이지 않는데, 벡터 투성이인 거네요.

 그래요. **특히 전자기학은 벡터 해석 덕분에 아주 이해하기 쉬울 거예요.**
눈에 보이지 않는 물리현상을 이해하기 위해서도 열심히 공부해 보기로 해요~!

벡터의 내적, 외적

그런데 이전에 벡터의 연산에 대해서 공부했잖아요(49쪽 참조).
그때 벡터의 상수배, 덧셈, 뺄셈을 배웠는데요.
벡터끼리 하는 곱셈(곱)도 아주 중요해요.

벡터끼리 하는 곱셈!
그건 2종류가 있잖아요. '**내적**(스칼라 곱)'과 '**외적**(벡터 곱)' 말이에요.
내적은 고등학교 때 배웠어요. 외적은 대학 수업 때 배웠는데 꽤 어려웠던 것 같아요….

맞아요. 지금부터 공부할 내용을 잘 이해하려면 내적과 외적을 잘 알아야 해요. 그러니까 복습 좀 해볼까요♪

〈내적에 대해서〉
아래 그림처럼 벡터 $\vec{A}$와 벡터 $\vec{B}$가 이루는 각을 θ로 합니다.
'벡터 $\vec{A}$와 벡터 $\vec{B}$의 내적'은 '$\vec{A}$의 크기'와 '$\vec{B}$의 크기'와 '각 θ의 코사인'을 곱한 것입니다.

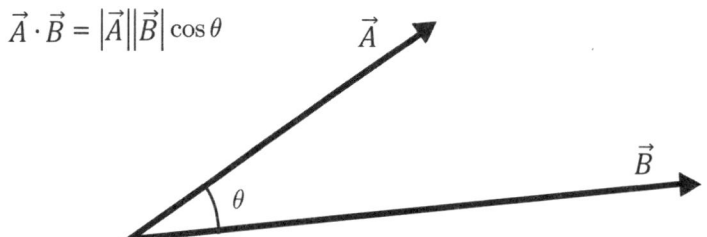

$$\vec{A} \cdot \vec{B} = |\vec{A}||\vec{B}|\cos\theta$$

수식에서, $\vec{A}$와 $\vec{B}$의 내적은 다음과 같이 씁니다.

$$\boxed{\vec{A} \cdot \vec{B}}$$

내적은 '도트 기호'로 나타내는 스칼라량으로 '스칼라 곱' 혹은 '도트 곱'이라고도 합니다.

〈외적에 대해서〉

내적은 스칼라량이지만, 외적은 '벡터량'입니다.
'크기'뿐만 아니라 '방향' 정보도 포함된다는 말입니다.
여기서 '벡터 $\vec{A}$와 벡터 $\vec{B}$의 외적'을 '벡터 $\vec{C}$'로 해보겠습니다.
'$\vec{C}$의 크기'는 '$\vec{A}$의 크기'와 '$\vec{B}$의 크기'와 '각 θ의 사인'을 곱한 것입니다.
그리고 '$\vec{C}$의 방향'은 '벡터 $\vec{A}$와 $\vec{B}$를 포함하는 면의 법선(평면에 있는 직선의 한 점을 지나면서 이 직선에 수직인 수직)'으로 $\vec{A}$에서 $\vec{B}$로 향하는 오른나사의 법칙(또는 오른손의 법칙) 방향'입니다.

※아래 그림과 같이 오른손을 쥐고 엄지 이외의 손가락 방향이 벡터 A에서 B의 방향(이 경우, 반시계 방향). 엄지손가락이 향하는 방향(이 경우 위쪽 방향)이 C의 방향입니다.

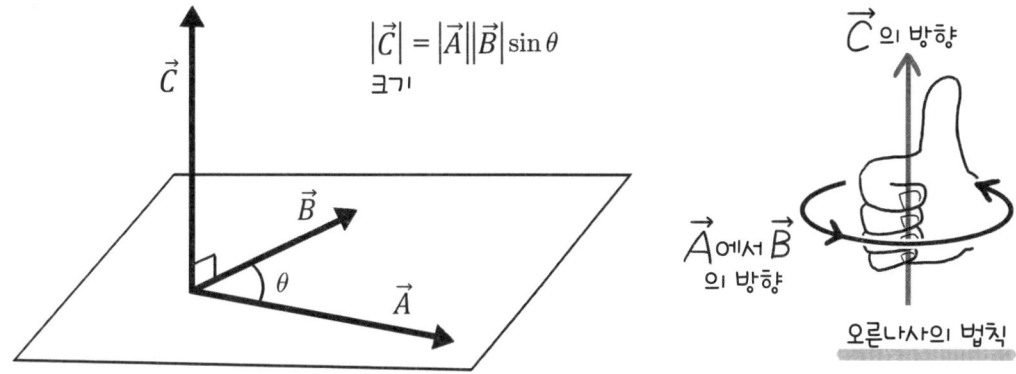

수식에서는 $\vec{A}$와 $\vec{B}$의 외적을 다음과 같이 '크로스 기호'로 나타냅니다.
외적은 '벡터곱' 혹은 '크로스곱'이라고도 합니다.

$$\vec{C} = \vec{A} \times \vec{B}$$

음, '내적(스칼라곱)'은 ·(도트)를 사용하고
'외적(벡터 곱)'은 ×(크로스)를 사용한다는 말이군요.

네! 그리고 내적은 스칼라(크기만을 갖는 물리량)이고
외적은 벡터(방향과 크기를 가진 물리량)입니다.

다시 말하자면 내적은 '2차원 평면의 이미지'지만…
외적은 '**3차원 공간의 이미지**'로 '**회전**'의 의미도 있습니다.

그렇구나. 계산 방법도 다르니까 주의해야겠네요!

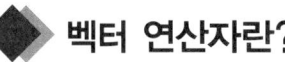 **벡터 연산자란?**

 이제부터 'grad(기울기), div(발산), rot(회전)'이라는 3가지 벡터 연산자에 대해 살펴보기로 해요.

그런데 그 전에 원래 '**벡터 연산자**'가 무엇인지 알아보죠.
'벡터의 미분연산자'라고 하기도 합니다.

 으으으…
말만 들어서는 어렵게 느껴져요.

 아무튼 마음 편하게 생각하세요.
수식 등에서 '이런 연산(계산)을 하라'고 나타낸 기호가 연산자입니다.
예를 들면 '+(플러스)'는 '더하라'는 산술 연산자인 거죠.

그러니까 예를 들어 함수 $f(x, y)$로 하고, $\text{grad } f$라는 표기가 있으면
f에 대해서 grad(기울기)를 작용시키라는 의미예요.
연산자를 사용하여 대상을 조작하는 것을 '작용시킨다'라는 말을 써요.

 아, 그렇게 생각하니까 좀 간단해진 것 같아요.
음, 기울기(grad)의 의미는 아직 모르겠지만….

 마찬가지로 $\text{div } \vec{A}$라는 표기가 있으면 그건 '벡터 $\vec{A}$에 대해서, div(발산)을 작용시키라'는 의미예요.

194 제5장 벡터 해석

음, 그렇구나. 잠깐만요!
grad(기울기)는 연산의 대상이 '스칼라(f)'였는데,
div(발산)은 연산의 대상이 '벡터(A)'인가요?

좋은 질문이에요.
사실 세 벡터 연산자는…
'연산의 대상'과 '연산의 결과'가 **스칼라이기도 하고 벡터이기도** 하거든요.

벡터 연산자	연산의 대상	연산의 결과
grad(기울기)	스칼라 ⇒	벡터
div(발산)	벡터 ⇒	스칼라
rot(회전)	벡터 ⇒	벡터

스칼라와 벡터에 대해서는
제2장(39쪽)에서 확실히
배웠죠.

이 표는 일단 한번 훑어보고 나서 나중에 다시 보세요.
이것에도 주의하면서 하나씩 차례로 알아보기로 해요!

grad(기울기)로 무엇을 알 수 있을까?

 그럼 상상을 해 볼까요?
자신에게 아주 엄격한 산악인들이 있어요.

등산할 때도 완만한 길이 아니라 '가장 험한 길'을 택하고 싶어합니다.
그럴 때에 편리한 것이……, grad(기울기)입니다!

 음, 기울기란 '경사의 정도'를 나타내는 말이잖아요.

 네! 사실 grad를 사용하면…
'가장 경사가 심한 곳은 어느 방향인가, 경사의 크기가 어느 정도인가'를 알 수 있어요.

★ grad를 정의하는 식은 이거예요!

2차원의 경우, x축, y축 방향의 단위벡터를 각각 $\vec{i}, \vec{j}$로 하고

$$\mathrm{grad} f = \frac{\partial f}{\partial x}\vec{i} + \frac{\partial f}{\partial y}\vec{j}$$

3차원일 경우는 z축 방향의 단위벡터 $\vec{k}$를 더한다.

$$\mathrm{grad} f = \frac{\partial f}{\partial x}\vec{i} + \frac{\partial f}{\partial y}\vec{j} + \frac{\partial f}{\partial z}\vec{k}$$

 연산 대상은 스칼라이고, 연산 결과는 벡터가 되겠군요.

 그리고 이 grad(기울기) 식의 의미를 생각하면 다음과 같습니다.

방정식 $z=f(x, y)$는 xyz 공간 내의 곡면을 나타냅니다. z는 곡면상의 높이를 나타내고요.

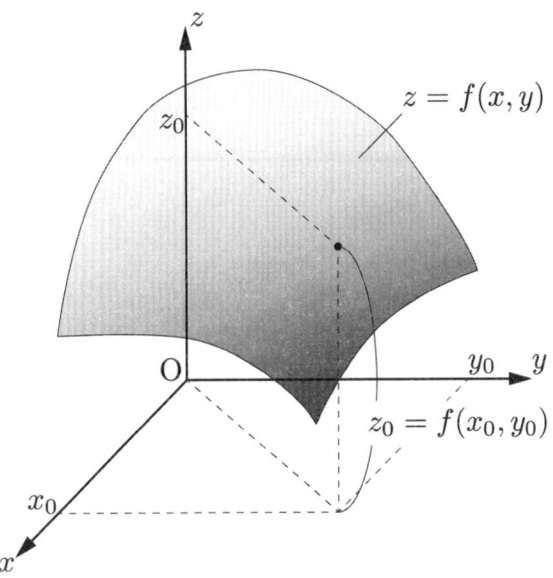

점 (x, y)에 미세한 변위 $\Delta \vec{r}=(\Delta x, \Delta y)$를 주었을 때, 곡면상의 '높이의 변화' Δf는 다음과 같습니다.
$$\Delta f \simeq \frac{\partial f}{\partial x}\Delta x + \frac{\partial f}{\partial y}\Delta y = \operatorname{grad} f \cdot \Delta \vec{r}$$

$|\Delta \vec{r}|$이 일정하다면 Δf는 Δr과 $\operatorname{grad} f$가 같은 방향일 때 최대가 됩니다.
즉, $\operatorname{grad} f$는 $f(x, y)$의 최대 기울기 방향입니다.

div(발산)으로 무엇을 알 수 있을까?

 이젠 물이 솟아 나오는 강에 물고기가 사는 모습을 상상해 보세요.
이 물고기는 물의 양이 굉장히 궁금한 모양입니다.

'물이 어느 정도나 솟아 나올까?'
'물이 땅속에 스며들어 사라지지는 않을까?'
'솟아 나와도 사라지지 않고 흐르기만 할까?' 하고 고민하고 있습니다.

 아…. 물이 다 말라버리는 건 아닌지 걱정되나봐요.

 물고기의 고민을 해결해줄 수 있는 것이 div(발산)이에요! 이것으로 **물의 양**을 알 수 있거든요. 물 대신 **전류(전하)**로 생각해도 좋아요.

★ div를 정의하는 식은 다음과 같습니다!

$$\mathrm{div}\vec{A} = \frac{\partial A_x}{\partial x} + \frac{\partial A_y}{\partial y} + \frac{\partial A_z}{\partial z}$$

 연산 대상은 벡터이고 연산 결과는 스칼라가 되는 건가.

 이 div(발산) 식의 의미를 생각하면 다음과 같아요.
물의 흐름을 떠올려 보세요♪
이건 나중에(204쪽) 설명하는 '**가우스의 정리(발산 정리)**'와도 관련이 있어요.

xyz 공간에 물이 흐르는 모습을 생각해 보겠습니다.

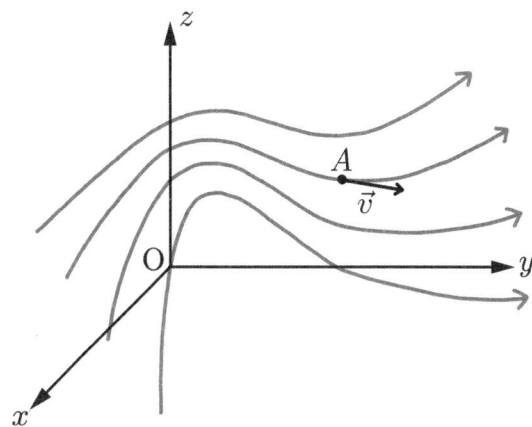

물의 속도를 $\vec{v} = (v_x, v_y, v_z)$ 로 하겠습니다. 이것이 벡터 함수입니다.

아주 작은 한 직육면체 $\Delta x \Delta y \Delta z$로 흐르는 물을 생각해 봅시다. x축 방향으로 유입되는 물의 양과 유출되는 물의 양을 생각합니다. 단위 넓이당 '유입되는 물의 양'은 $v_x \Delta y \Delta z$이고, '유출되는 물의 양'은 $\left(v_x + \frac{\partial v_x}{\partial x}\Delta x\right)\Delta y \Delta z$ 입니다.

따라서 '유출되는 물의 양'−'유입되는 물의 양'=$\frac{\partial v_x}{\partial x}\Delta x \Delta y \Delta z$입니다.

마찬가지로 y축 방향으로 흐르는 물, z축 방향으로 흐르는 물을 생각하면 다음과 같은 식이 나옵니다.

'미소 부피로부터 유출되는 물의 양'−'미소 부피에 유입되는 물의 양'
$$= \left(\frac{\partial v_x}{\partial x} + \frac{\partial v_y}{\partial y} + \frac{\partial v_z}{\partial z}\right)\Delta x \Delta y \Delta z = (\text{div}\vec{v})\Delta x \Delta y \Delta z$$

즉, div$\vec{v}$는 단위 부피 속에서 솟아 나오는 물의 양을 나타냅니다.

아래 그림처럼 물이 솟아 나오는 경우(spring)는 div$\vec{v}$>0, 물이 빠져나가는 경우(sink)는 div$\vec{v}$<0, 솟아 나오지도 빠져나가지도 않고 흐르는 경우는 div$\vec{v}$=0입니다.

발산(밖으로 퍼져나감)의 의미대로 뭔가가 출현하는 모습을 나타내고 있죠.

예를 들면 전류가 흐를 때 전하가 발생하는지 아닌지 등도 이 div로 생각할 수 있습니다.

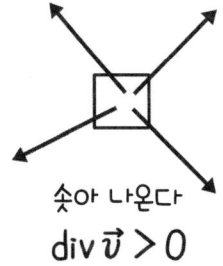
솟아 나온다
div $\vec{v}$ > 0

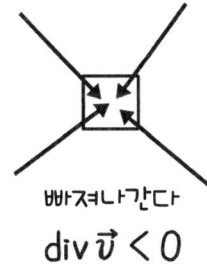
빠져나간다
div $\vec{v}$ < 0

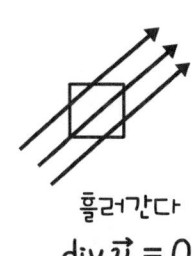
흘러간다
div $\vec{v}$ = 0

rot(회전)으로 무엇을 알 수 있을까?

 마지막으로 아름다운 인어를 상상해 보세요.
인어는 물의 회전, 즉 소용돌이가 궁금한 모양이군요.

'이 소용돌이는 시계 방향? 반시계 방향?'
'사실은 안 도는 것 아닐까?' 하며 고민하고 있습니다.

 고민하고 있는 인어…!
음, 확실히 소용돌이가 있다면 궁금할 거예요.

 그런 인어의 궁금증을 해결할 수 있는 것이 rot(회전)입니다.
이걸로 **소용돌이의 회전** 방향과 **소용돌이의 강도**를 알 수 있으니까요!

★ rot을 정의하는 식은 다음과 같습니다!

$$\mathrm{rot}\vec{A} = \left(\frac{\partial A_z}{\partial y} - \frac{\partial A_y}{\partial z}\right)\vec{i} + \left(\frac{\partial A_x}{\partial z} - \frac{\partial A_z}{\partial x}\right)\vec{j} + \left(\frac{\partial A_y}{\partial x} - \frac{\partial A_x}{\partial y}\right)\vec{k}$$

 음, 연산 대상은 벡터이고, 연산의 결과도 벡터군요.

그리고 이 rot(회전)의 식이 갖는 의미를 생각하면 다음과 같이 되지요.

---

xyz 공간 속에서 xy 평면 내의 물의 흐름 $\vec{v}(x, y) = (v_x(x, y), v_y(x, y))$와, 물의 흐름에 따라 회전하는 반지름 r, 중심 위치 (x, y)인 수차를 생각해 보겠습니다.

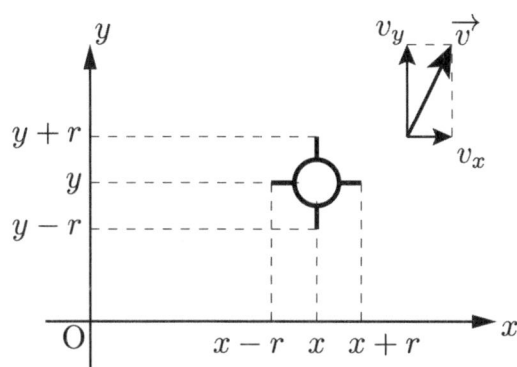

우선 y 방향의 속도 $v_y(x, y)$에 의한 수차의 회전을 살펴보겠습니다. 수차의 좌우 유속의 차이가 수차를 회전시키므로 회전 각속도는

$$\frac{v_y(x+r, y) - v_y(x-r, y)}{r}$$ (반시계 방향을 양으로 한다)

수차의 반지름 r을 한없이 작게 하면 이 값은 $2\dfrac{\partial v_y}{\partial x}$가 됩니다.

마찬가지로 x 방향의 유속 $v_x(x, y)$에 의한 수차의 회전을 생각하면 회전 각속도는 $-2\dfrac{\partial v_x}{\partial y}$가 됩니다(반시계 방향을 양으로 했으므로 마이너스가 붙는다는 점에 주의).

이에 따라 속도 v에 의한 수차의 회전 각속도는 $2\left(\dfrac{\partial v_y}{\partial x} - \dfrac{\partial v_x}{\partial y}\right)$이고, 이것은 $\text{rot}\vec{v}$의 z 성분의 2배입니다. 여기서 'z 성분'은 수차의 회전축이 z 방향이라는 점에 대응합니다.

이와 같이 회전 각속도는 rot에 비례한다는 것을 알 수 있습니다.

2. 나블라(nabla)▽를 이용해서 간단하게

◆ 정말 편리한 벡터 연산자 ▽(나블라)

grad(기울기)
div(발산)
rot(회전)
에 대해서는 이해 했는데…

$$\text{rot}\vec{A} = \left(\frac{\partial A_z}{\partial y} - \frac{\partial A_y}{\partial z}\right)\vec{i} + \left(\frac{\partial A_x}{\partial z} - \frac{\partial A_z}{\partial x}\right)\vec{j} + \left(\frac{\partial A_y}{\partial x} - \frac{\partial A_x}{\partial y}\right)\vec{k}$$

하지만 식이 복잡하군요. 이런 느낌이어서.

후후훗 안심하세요.

뭐야

사실 아주 **편리한 도구(툴)**가 있거든요.

바스락 바스락

?

그 편리한 도구란 바로… ▽나블라(nabla)!!!

$$\nabla = \vec{i}\frac{\partial}{\partial x} + \vec{j}\frac{\partial}{\partial y} + \vec{k}\frac{\partial}{\partial z}$$

스윽

가방보다 더 큰데!?

▽를 정의하는 식은 이거예요~!

가우스의 정리는 발산(div)의 정리

우선은 '**가우스의 정리**'에 대한 거예요.
이건 앞에서(198쪽) 배운 **발산**(div)에 관한 정리인데요.
이런 식이에요!

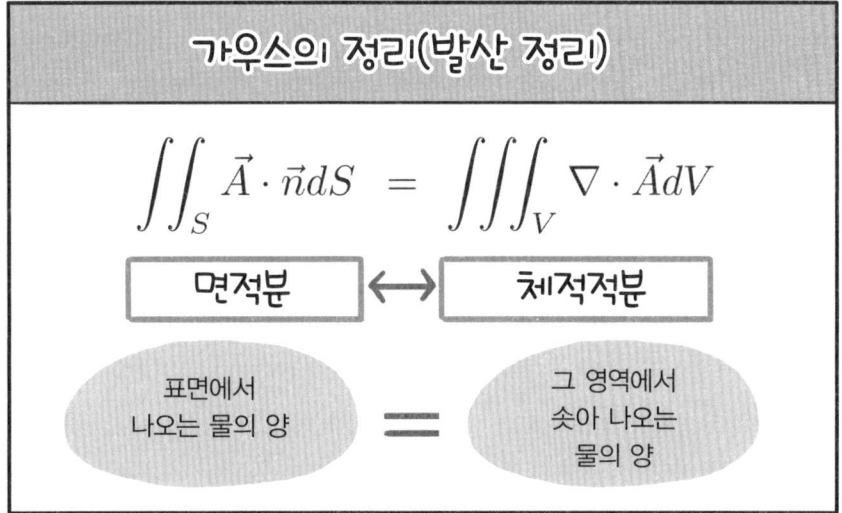

으음… '**면적분**'과 '**체적적분**'을 변환할 수 있는, 결합시키는 정리인가요?

네♪ 앞에서와 같이 $\vec{A}$를 물의 흐름의 속도 벡터라고 생각해 보죠.
어느 한 영역에 대해서 생각하면, '**그 표면에서 나오는 물의 양(좌변)**'과
'**그 영역에서 솟아 나오는 물의 양(우변)**'은 같다는 거예요.

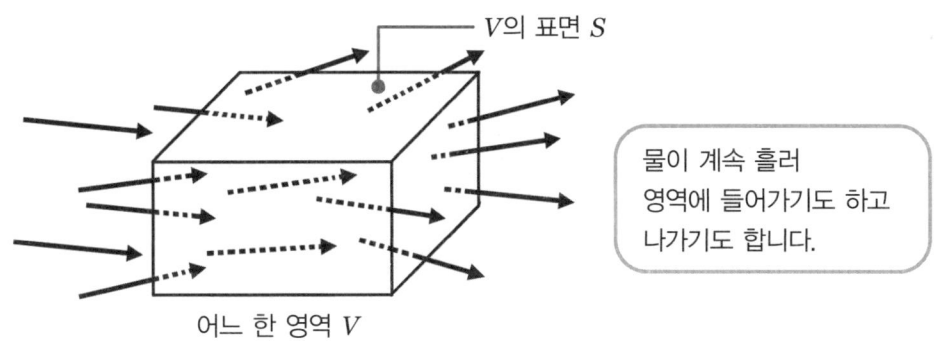

식으로 하면 어려워 보이는데, 직감이 맞는다는 생각이 드네요.
물의 흐름을 떠올리면 되겠어요.

 그래요. 그리고 물뿐만 아니라 별이 방출하는 빛 에너지, 전하가 만들어 내는 전기장 등에도 응용할 수 있어요.

나온 김에 '**가우스의 법칙**(Gauss's law)'에 대해서도 설명할게요.

가우스의 법칙은 전하 분포와 그 주위의 정전기장과의 관계를 나타내는 것이므로

$$\iint_S \vec{E} \cdot \vec{n} dS = \frac{1}{\varepsilon} \iiint_V \rho(x,y,z) dV$$

다음과 같이 쓸 수 있습니다. 여기서 $\vec{E}$는 정전기장, ε는 유전율, p는 전하 분포(전하밀도)입니다. 좌변에 가우스의 정리를 적용하면

$$\iint_S \vec{E} \cdot \vec{n} dS = \iiint_V \nabla \cdot \vec{E} dV = \iiint_V \frac{1}{\varepsilon} \rho(x,y,z) dV$$

즉, $\nabla \cdot \vec{E} = \frac{1}{\varepsilon} \rho(x,y,z)$

가 됩니다.

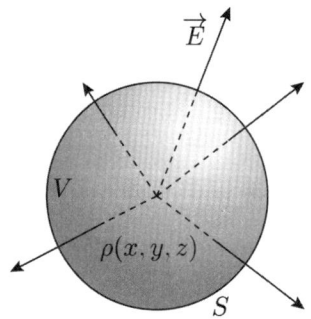

가우스의 정리를 설명하는 데 이용한 물의 흐름과 마찬가지로 생각하면, 전기장은 전하에서 솟아 나오는 흐름 같은 것이라고 파악할 수 있는 식입니다.

4. 스토크스 정리

◆ 스토크스 정리는 회전(rot)의 정리

그럼 다음은 '**스토크스 정리**'를 소개할게요.
이건 앞에서(200쪽) 배운 **회전**(rot)에 관한 정리예요.
다음과 같은 식인 거죠~!

스토크스 정리

$$\iint_S (\nabla \times \vec{A}) \cdot \vec{n} dS = \oint_C \vec{A} \cdot d\vec{r}$$

면적분 ↔ 선적분

벡터장의 회전을 곡면 S상에서 적분한 것 = 원래의 벡터장을 곡면의 경계를 따라 선적분한 것

여기서 S는 적분 범위의 면, C는 그 경계의 곡선을 나타냅니다.

음…
면적분과 **선적분**을 변환할 수 있는 밀접한 관계가 있는 정리인 거죠?
직감적으로는 감이 오지 않지만, 음….

후후훗. 안심하세요.
나중에 소개하는 그림을 보면 이해하기 쉬울 테니까요.
여기선 대충 이해하고 넘어가요~♪

'스토크스 정리'는 직관적으로 어떤 상태를 의미하는 걸까요?
다음 그림을 보세요.

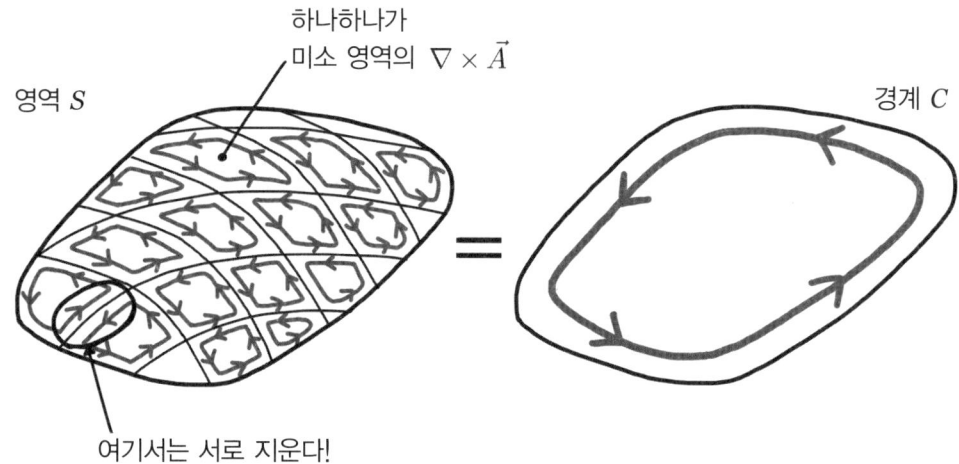

먼저 어느 한 미소 영역인 $\nabla \times \vec{A}$는 왼쪽 그림에 있는 미소 영역 하나하나의 회전에 해당합니다. $\iint_S (\nabla \times \vec{A}) n dS$는 이것을 전 영역에 더한 것입니다. 이웃해 있는 미소 영역을 더하면 두 화살표가 서로를 지워 0이 되는 것을 알 수 있습니다.

그러면 영역 내부에서는 적분이 0이 되고, 영역의 경계 부분만 회전이 남습니다.

이것을 더하면 오른쪽 그림과 같이 영역 경계를 따라 빙 도는 회전만 남게 됩니다. 이것은 $\vec{A}$를 C에 따라서 적분한 것이므로 $\oint_C \vec{A} \cdot d\vec{r}$가 되어 스토크스 정리를 대충 이해할 수 있게 됩니다.

 의미를 알게 되니까 의외로 쉽게 상상이 되는군요!
내부에서 서로를 지운 결과, 가장 바깥쪽 적분만 남는다는 느낌으로….

 그렇죠.
이 스토크스 정리는 전자기학의 다양한 상황을 이해하는 데 도움이 돼요.
스토크스 정리를 어떻게 사용하는지 좀 더 소개할게요.

스토크스 정리로 얻는 앙페르의 법칙

 스토크스 정리는 전자기학의 다양한 상황을 이해하는 데 도움이 되는데요.
'스토크스 정리'에서 '**앙페르의 법칙**'을 얻기까지의 과정을 설명하고 넘어갈게요.

벡터장으로 전기장 $\vec{E}$를 알아보겠습니다. $\vec{E}\cdot d\vec{r}$는 미소 변위 $d\vec{r}$을 단위 전하가 움직였을 때 전하에 대하여 전기장이 하는 일입니다.

어느 한 폐곡선 C를 생각하면서 $\int_C \vec{E}\cdot d\vec{r}$를 생각해보겠습니다. 폐곡선에서 적분은 일주하는데, 이때 전기장이 하는 일이 0이 되는 전기장이 정전기장입니다.

$\vec{E}$가 정전기장이라면 스토크스 정리를 이용해 $\iint_S (\nabla\times\vec{E})\cdot\vec{n}dS = 0$이 됩니다.

이것이 어떠한 폐곡면을 취해도 성립되기 때문에 $\nabla\times\vec{E} = \vec{0}$ 임을 알 수 있습니다.

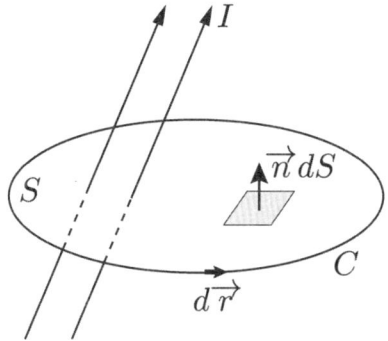

그런데 자기장 $\vec{H}$를 임의의 폐곡선 C를 따라 주회적분하면, 주회로로 둘러싸인 곡면 S를 관통해서 흐르는 전류 I와 같은 것으로 알려져 있습니다.

$$\oint_C \vec{H}(\vec{r})\cdot d\vec{r} = I$$

이것을 '앙페르의 법칙(전류와 자기장의 관계를 나타내는 법칙. 프랑스의 물리학자 앙페르가 발견하였으며, 맥스웰이 오늘날의 형태로 수정했다.)'이라고 합니다. 만약 전류가 공간에 퍼져 분포하고 위치 r의 전류 밀도가 $\vec{J}(\vec{r})$이라면 I는 다음과 같이 나타낼 수 있습니다.

$$I = \iint_S \vec{J}(\vec{r})\cdot\vec{n}dS$$

이것을 앙페르의 법칙에 대입하면 다음과 같습니다.

$$\oint_C \vec{H}(\vec{r})\cdot d\vec{r} = \iint_S \vec{J}(\vec{r})\cdot\vec{n}dS$$

또한 앙페르의 법칙에 스토크스 정리를 이용하면 다음과 같은 식을 얻을 수 있습니다.

$$\oint_C \vec{H}(\vec{r}) \cdot d\vec{r} = \iint_S (\nabla \times \vec{H}(\vec{r})) \cdot \vec{n} dS = \iint_S \vec{J}(\vec{r}) \cdot \vec{n} dS$$

$$즉, \nabla \times \vec{H}(\vec{r}) = \vec{J}(\vec{r})$$

이것을 '앙페르 법칙의 미분형'이라고 합니다.

 이렇게 해서 앙페르의 법칙을 얻을 수 있었어요.
앙페르의 법칙은 도선을 흐르는 전류 주위의 자기장 등을 구할 때 매우 편리합니다. 예제를 하나 들어 볼게요♪

 **어느 원기둥 주위의 자기장 구조**

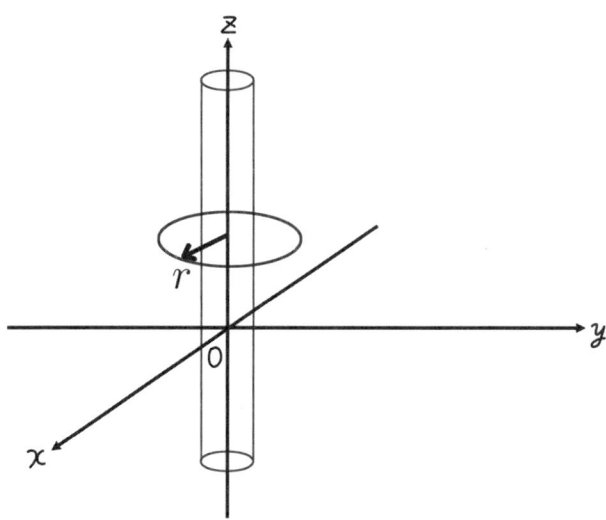

위의 그림과 같이 z축을 중심으로 하는 반지름 a의 무한히 긴 원기둥을 가지고 z축 방향으로 한결같이 전류 밀도 i_0 전류가 흐르는 상황을 생각해보겠습니다.
이 전류가 z축으로부터 거리 r 떨어진 곳에 만드는 자기장 $\vec{H}(r)$를 구해보겠습니다.

 **어느 원기둥 주위의 자기장 구조**

우선 자기장의 방향을 생각해 보면 대칭성이라서 원기둥 방향을 향하게 됩니다.

이번에는 크기 $|\vec{H}(r)| = H(r)$ 에 대해서 생각해보겠습니다. 반지름 r의 원에 대해서 앙페르의 법칙을 적용하면

$$\oint_C H(r)dr = \iint_S i_0 \vec{k} \cdot \vec{n} dS = \iint_S i_0 dS$$

마지막 등호는 이 원의 법선 벡터가 z 방향을 향하고 있다는 것을 이용했습니다. 여기서 전류 밀도는 원기둥 밖에서는 0, 안쪽에서는 i_0로 일정하기 때문에 적분하면 다음과 같습니다.

$$\iint_S i_0 dS = i_0 \iint_{r \leq a} dS = \pi a^2 i_0$$

여기서 $\iint_{r \leq a} dS$는 반지름 a인 원의 넓이 πa^2입니다.

한편, 좌변의 적분은 대칭성이라서 z축 주위의 어떤 각도에서도 $H(r)$이 같다는 것을 이용하면 다음과 같이 됩니다.

$$\oint_C H(r)dr = H(r) \oint_{r=r} dr = 2\pi r H(r)$$

여기서 $\oint_{r=r} dr$은 반지름 r의 원기둥 길이 $2\pi r$입니다. 이것들이 같으므로

$$\begin{aligned} 2\pi r H(r) &= \pi a^2 i_0 \\ H(r) &= \frac{i_0 a^2}{2r} \end{aligned}$$

다음과 같은 자기장의 구조를 구할 수 있습니다.

 음, 여러 가지 정리나 법칙을 사용하면서 벡터 해석을 한다….
정말 유체역학이나 전자기학에는 빼놓을 수 없는 도구군요.

제 6 장

복소수

1. 복소수란?

복소수에 대해서

자, 오늘의 주제는 '**복소수**'입니다.
정민 씨는 이제 '허수 단위 i'나 '복소수'에 대해서는 잘 알죠?(29쪽 참조)

아, 네. 이런 느낌이잖아요.

$$\underbrace{a + bi}_{\text{복소수}}$$

실수 ↖ ↗ 허수 단위

◆ 허수 단위 i는 '제곱하면 음수(-1)가 되는 숫자'를 말합니다.

$$i^2 = -1 \qquad i = \sqrt{-1}$$

네, 좋아요. 실수와 허수를 합쳐 복소수라고 했었죠.
이제부터는 **복소수** z에 대해서 다음과 같이 알아보기로 해요.

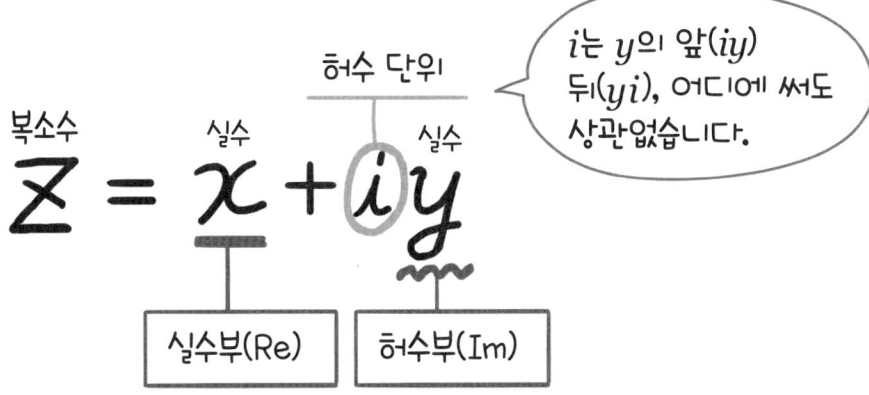

이렇게 썼을 때, x를 '**실수부**(Re)', y를 '**허수부**(Im)'라고 해요.
영어라면 real part, imaginary part죠.
그리고 복소수 z의 실수부를 'Re z', 허수부를 'Im z'라고 쓰기도 해요.

음, 실수부와 허수부군요. 복소수 z가 실수 x, y를 이용하여 $z=x+iy$라고 썼을 때 $\operatorname{Re} z=x$, $\operatorname{Im} z=y$라는 거구나. 확실히 알았어요.

복소수는 **켤레 복소수**(공액복소수)와 짝을 이루죠.
$z=x+iy$의 켤레 복소수는 $\overline{z}=x-iy$예요.
복소수의 실수부는 그대로 허수부의 부호만 바꿨다는 걸 말해요.

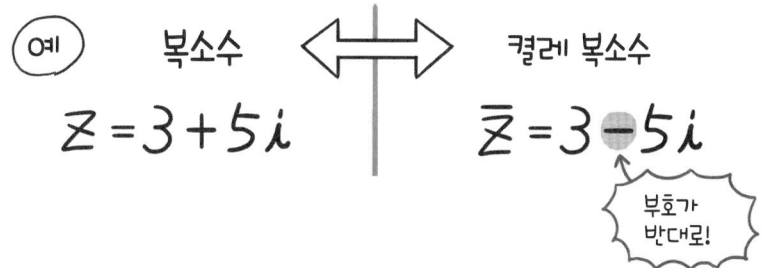

 **허수는 어떻게 탄생했을까?**

허수 단위의 기호 'i'는 imaginary number(허수)에서 유래했어요.
그런데 대체 어떻게 허수(실수가 아닌 복소수)라는 걸 생각해냈을까요?

허수는 16세기 이탈리아에서 쓰기 시작했습니다. 실수로 나타낼 수 없는 3차 방정식의 해가 있었기 때문입니다. 처음에는 허수의 존재와 개념을 인정할 수 없다(인정하려 들지 않음)고 생각하면서도 어쩔 수 없이 사용했습니다.

이후 18세기가 되면서 수학자 오일러가 복소평면(다음 페이지에서 소개합니다.)으로 복소수를 표현하는 등 점차 허수의 그 놀라운 유용성을 깨닫는 사람이 나타나기 시작했습니다. 허수 단위의 기호 i를 처음 사용한 것도 오일러입니다.

지금은 수학과 물리학 등 폭넓은 분야에서 허수와 복소수의 필요성을 느끼는 일이 많습니다. 물리학에서 복소수는 이제 빼놓을 수 없는 중요한 존재인지도 모릅니다. 이번에는 허수와 복소수의 유용성을 제대로 만끽해보겠습니다.

복소평면에서 복소수를 나타낼 수 있다

그런데 앞에서 **복소수** z에 대해서, $z=x+iy$라고 쓴다고 이야기했었죠.
이것을 그림으로 그려서 나타낼 수 있어요.
복소수와 허수 같은 숫자 자체의 의미는 일단 제쳐두고,
복소수 $z=x+iy$를 두 실수 x, y의 쌍이라고 생각해보죠.

그러면 아래와 같이 xy 평면상에 복소수 z를 나타낼 수 있어요!
이런 평면을 '**복소평면**(가우스 평면)'이라고 해요.

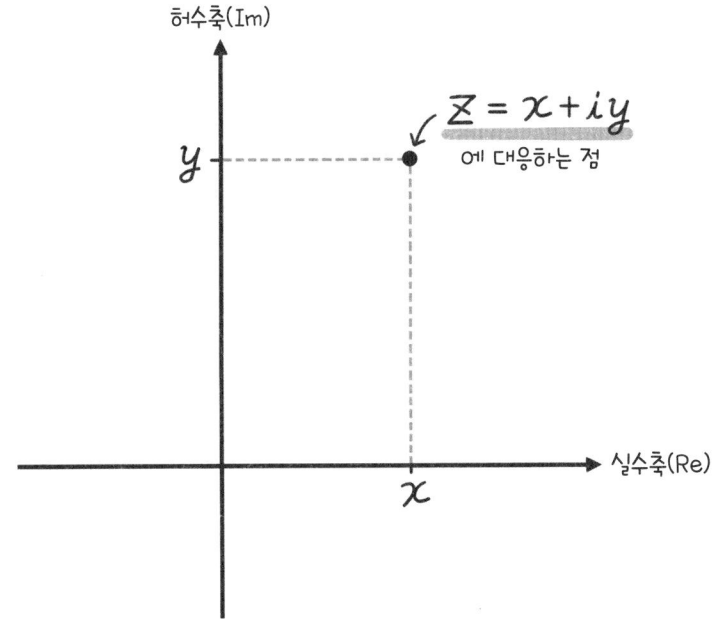

이 평면상에서, z의 실수부 x는 z의 실수축에 대한 사영이에요.
그리고 허수부 y는 허수축에 대한 사영이고요.

오~! 허수·복소수라고 하면 아무것도 떠오르는 게 없었는데, 이런 식으로 그림으로 나타내니까 의외로 단순해서 이해하기 쉽네요.

복소수를 극형식으로 나타낸다

 앞에서는 복소평면을 이용해서 복소수 $z=x+iy$를 그림으로 나타내, 좌표 ($z=x+iy$에 대응하는 점)를 표시할 수가 있었어요.

이제는 극좌표 (r, θ)로 나타내 보기로 해요. 그럼 아래 그림과 같이 됩니다.
고등학교에서 배운 삼각함수, cos과 sin의 정의를 생각해보세요.

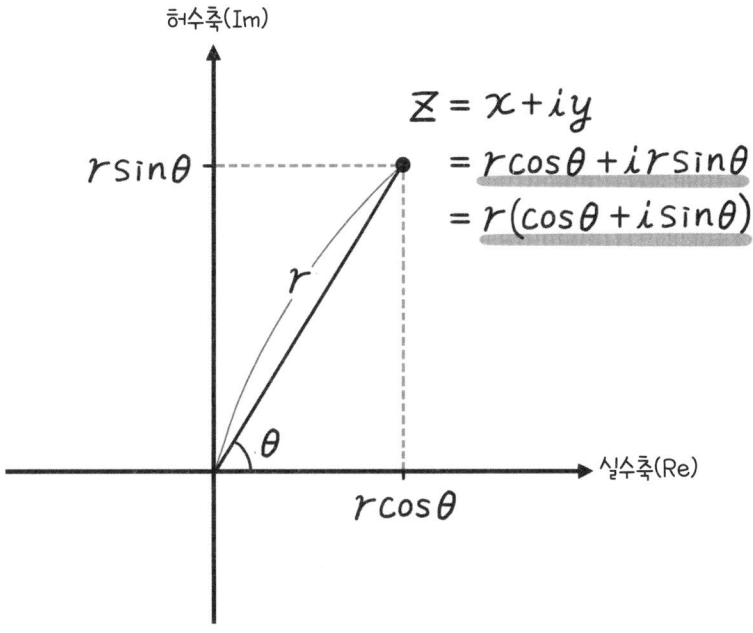

※ r은 말하자면 복소수 z의 크기를 나타내므로 z의 '절대값'이라고 하고, $|z|$로 나타냅니다. 또한 θ를 '편각'이라고 하고, arg z라 쓰기도 합니다.

 오! 복소수 z가 삼각함수의 cos이나 sin을 이용한 식이 되었네요!
복소수를 나타내는 식도 여러 가지가 있군요.

221

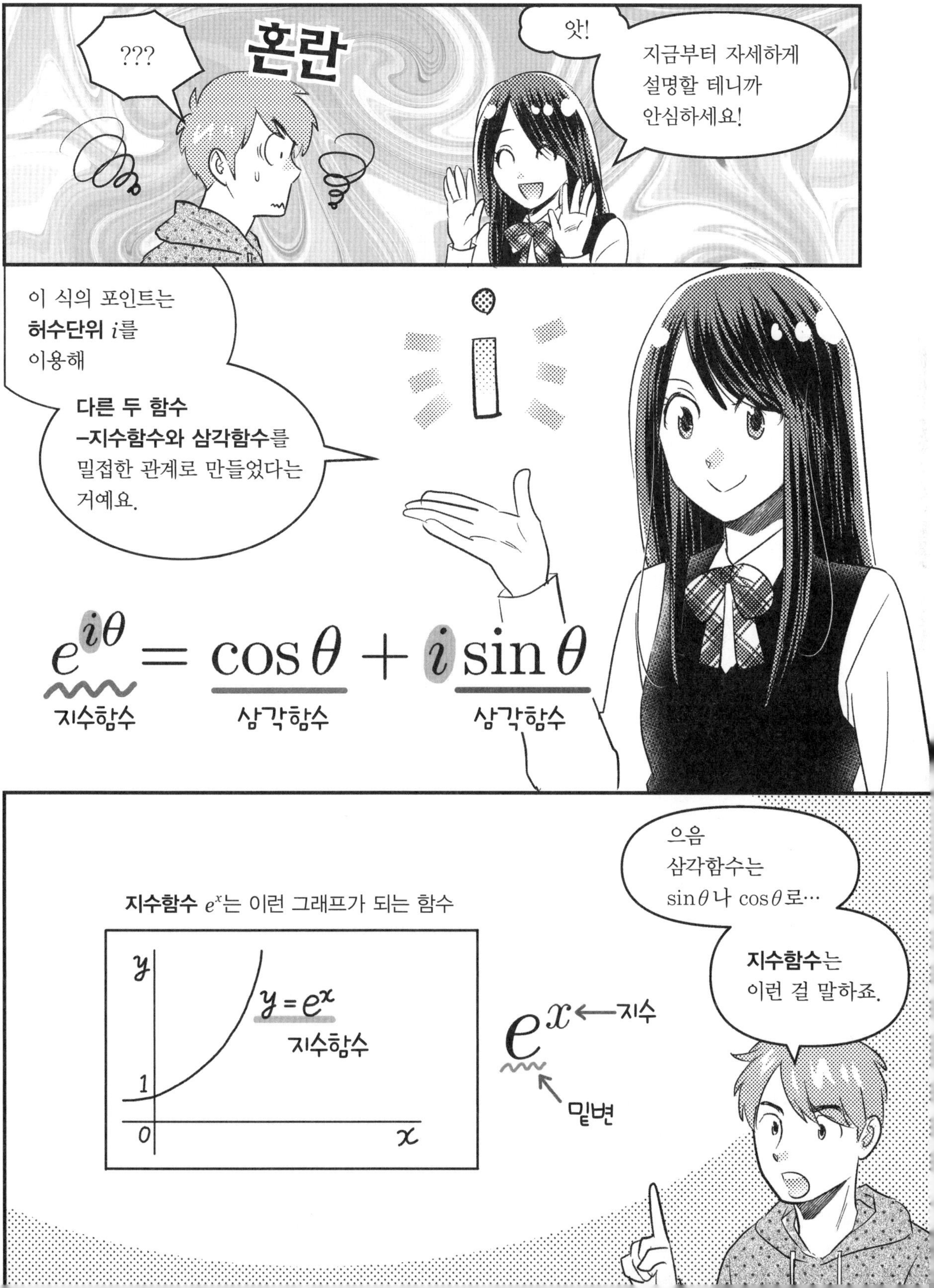

??? 혼란 앗!

지금부터 자세하게 설명할 테니까 안심하세요!

이 식의 포인트는 **허수단위** i를 이용해 **다른 두 함수** -지수함수와 삼각함수를 밀접한 관계로 만들었다는 거예요.

$$\underbrace{e^{i\theta}}_{\text{지수함수}} = \underbrace{\cos\theta}_{\text{삼각함수}} + i\underbrace{\sin\theta}_{\text{삼각함수}}$$

으음 삼각함수는 $\sin\theta$나 $\cos\theta$로…

지수함수는 이런 걸 말하죠.

지수함수 e^x는 이런 그래프가 되는 함수

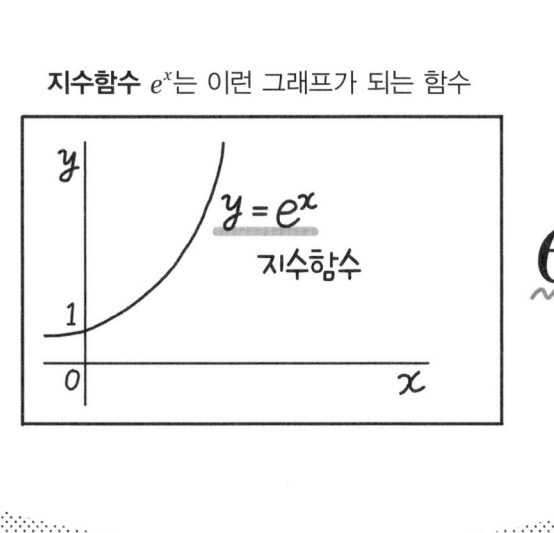

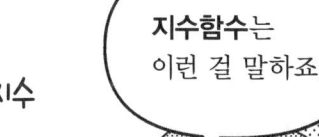

e^x ← 지수 / 밑변

지수함수 e^x는 x에서 몇 번 미분해도 e^x라는 성질이 있습니다. 그러므로 제3장에서 배운 매클로린 전개를 사용하면 다음과 같은 식으로 나타낼 수 있습니다.

$$e^x = 1 + x + \frac{x^2}{2!} + \cdots = \sum_{n=0}^{\infty} \frac{x^n}{n!}$$

여기서 $x=i\theta$를 대입하면

$$e^{i\theta} = 1 + i\theta - \frac{\theta^2}{2!} - i\frac{\theta^3}{3!} + \frac{\theta^4}{4!} + i\frac{\theta^5}{5!} + \cdots = \sum_{n=0}^{\infty} \frac{(i\theta)^n}{n!}$$

마찬가지로 $\cos\theta$, $\sin\theta$를 매클로린 전개를 하면 다음과 같은 식으로 나타낼 수 있습니다.

$$\cos\theta = 1 - \frac{\theta^2}{2!} + \frac{\theta^4}{4!} - \cdots = \sum_{n=0}^{\infty} \frac{(-1)^n}{(2n)!} \theta^{2n}$$

$$\sin\theta = \theta - \frac{\theta^3}{3!} + \frac{\theta^5}{5!} - \cdots = \sum_{n=0}^{\infty} \frac{(-1)^n}{(2n+1)!} \theta^{2n+1}$$

$e^{i\theta}$의 홀수 번째, 짝수 번째 항목을 정리하면

$$\begin{aligned} e^{i\theta} &= \left(1 - \frac{\theta^2}{2!} + \frac{\theta^4}{4!} - \cdots\right) + i\left(\theta - \frac{\theta^3}{3!} + \frac{\theta^5}{5!} - \cdots\right) \\ &= \sum_{n=0}^{\infty} \frac{(-1)^n}{(2n)!} \theta^{2n} + i \sum_{n=0}^{\infty} \frac{(-1)^n}{(2n+1)!} \theta^{2n+1} \\ &= \cos\theta + i\sin\theta \end{aligned}$$

다음과 같이 오일러의 공식이 성립된다는 것을 알 수 있습니다.

> 잘 생각해 보면 분명 그렇겠네요.
>
> **실수의 세계**에서는 지수함수와 삼각함수가 완전히 별개로 무관하다고 생각했어요.

> 하지만 **복소수**를 이용한 세계에서는
>
> 단단히 연결되어 있는 거네요. 신기하다!

지수함수 / 삼각함수

$$e^{i\theta} = \cos\theta + i\sin\theta$$

지수함수 / 삼각함수 / 삼각함수

> 놀랍죠!
>
> 삼각함수 sin과 cos은 계산할 때 좀 복잡하지만
>
> 지수함수의 **지수 계산**이라면 문제를 풀기도 편해요 ♪

지수 계산의 예

$$e^p e^q = e^{p+q}$$

> 자, 봐요!

> 그렇구나…
>
> 복소수를 이용하기 때문에 간단히 계산할 수 있다는 거군요.

복소평면을 빙빙 돌아라

오일러의 공식을 자세히 살펴보면…

$$e^{i\theta} = \cos\theta + i\sin\theta$$

$e^{i\theta}$의 값은 실수부 $\cos\theta$, 허수부 $\sin\theta$의 복소수로, 그 절대값은

$$|e^{i\theta}| = \sqrt{\cos^2\theta + \sin^2\theta} = 1$$이에요.

복소평면에서는 다음 그림과 같이 $e^{i\theta}$는 '원점 주위의 단위 원상의 복소수'를 나타냅니다.
극형식으로 나타낸 복소수(221쪽 참조)는 그 절대값 r을 이용하여 $re^{i\theta}$으로 나타낼 수 있고요.

복소수 $e^{i\theta_1}$에, 복소수 $e^{i\theta_2}$를 곱해 보면…

앞에서 소개한 지수 계산 $e^p e^q = e^{p+q}$ 를 떠올려 보세요.
이 계산은 p, q가 복소수라도(따라서 허수라도) 성립하는 것으로 알려져 있습니다.
그러니까 $p=i\theta_1$, $p=i\theta_2$라고 하면 다음과 같이 됩니다.

$$e^{i\theta_1} e^{i\theta_2} = e^{i(\theta_1+\theta_2)} \cdots\cdots\text{①}$$

아래 그림처럼 $e^{i\theta_1}$과 $e^{i(\theta_1+\theta_2)}$를 그림으로 나타내 보면 ①의 의미,
'$e^{i\theta_2}$를 곱한다'는 행위는 '복소평면상에서 원점 주위에 각도 θ_2만큼 회전한다'는 것을 알 수 있습니다. 그러니까 복소평면 내에서 간단히 빙빙 돌 수도 있는 것입니다.

또한 ①의 지수 계산을 반복하면 일반적으로 다음과 같습니다.

$$\left(e^{i\theta}\right)^n = \underbrace{e^{i\theta} \cdot e^{i\theta} \cdot \cdots \cdot e^{i\theta}}_{n\text{개의 곱}} = e^{in\theta}$$

이것을 '드무아브르의 공식(de Moivre's formula) 또는 드무아브르의 정리((de Moivre's theorem)'라고 해요.

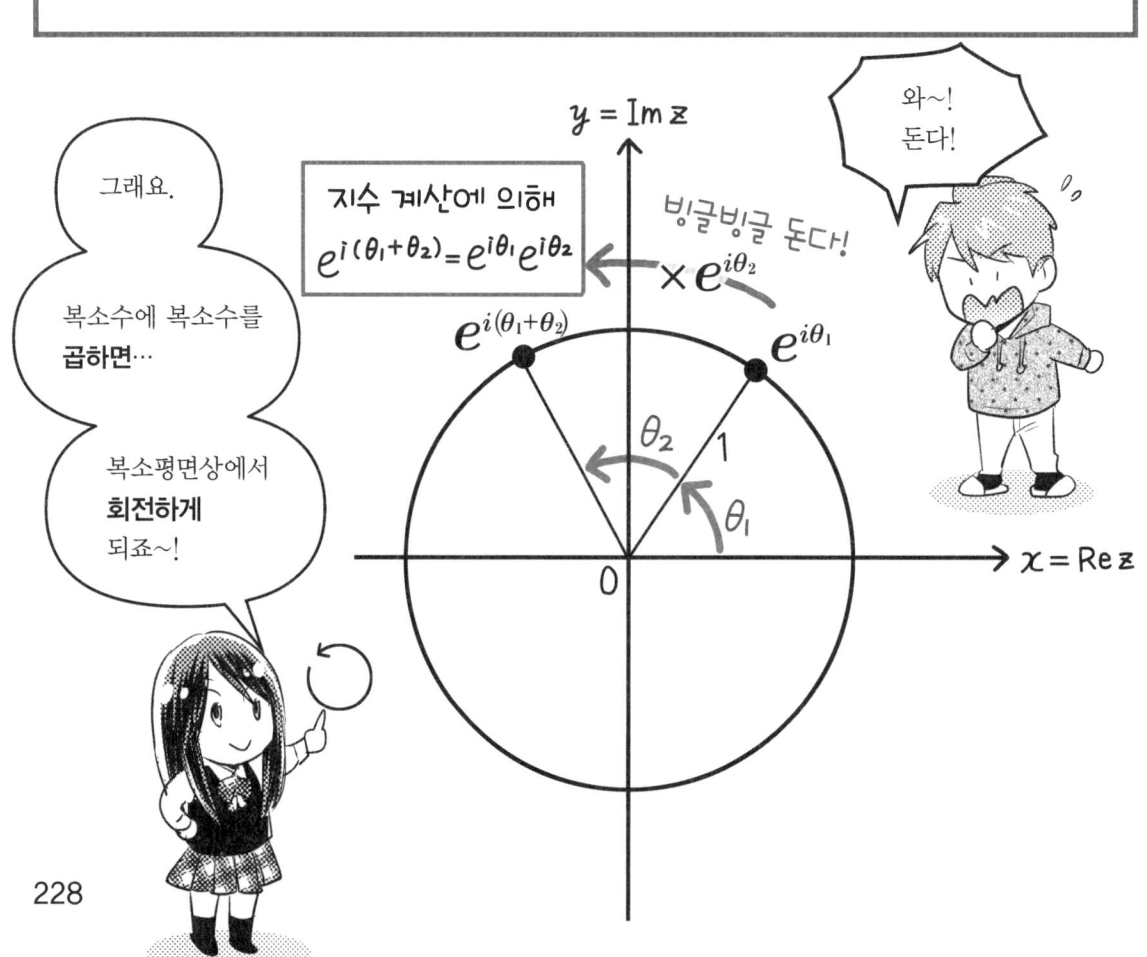

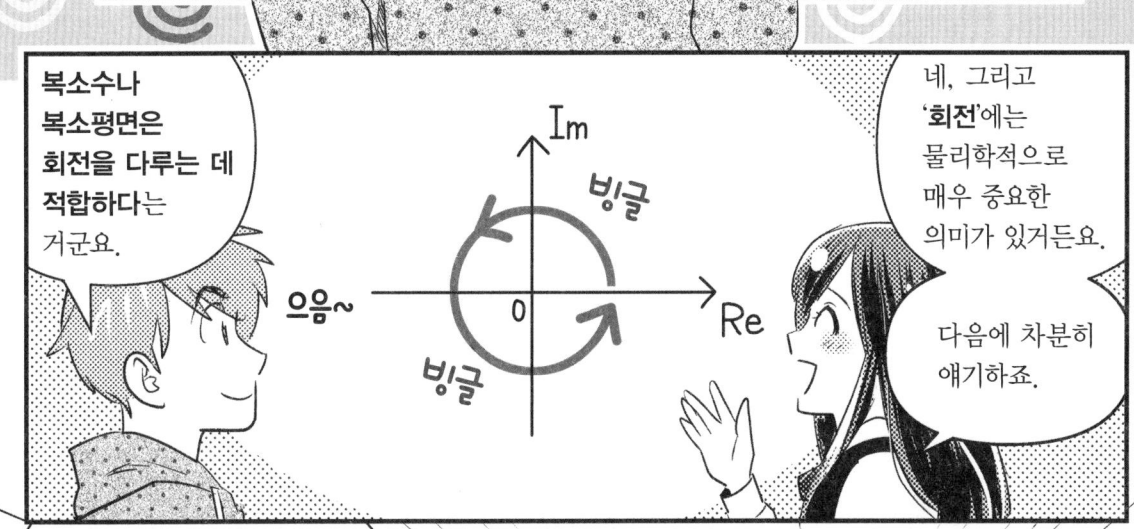

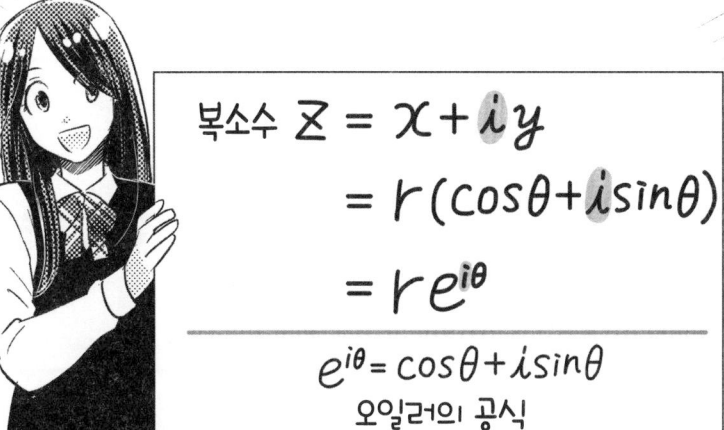

복소수의 도입으로 파동을 편리하게 다룬다!

 **복소수나 복소평면은 회전을 다루는 데 적합하다**는 걸 앞에서 배웠어요.
'회전'은 '파동'과도 깊은 연관이 있다는 것도요.

 파동…! 파동이라 하면 물리를 배우는 데 빼놓을 수 없는 거죠.
소리, 지진, 빛…(114쪽 참조)
전기의 교류 파형이라든가!

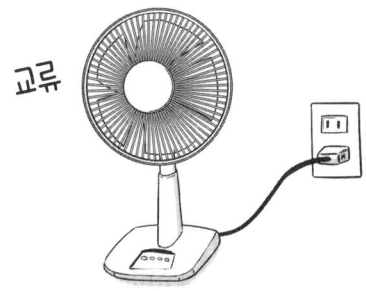
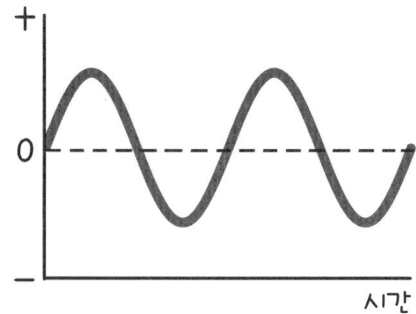

 맞아요. 자, 이쪽을 보세요.
관람차 곤돌라 하나가 움직이는 모습….
또는 자전거 바큇살에 테니스공을 끼고 바퀴를 움직이는 모습 등을 상상해 보기로 해요.

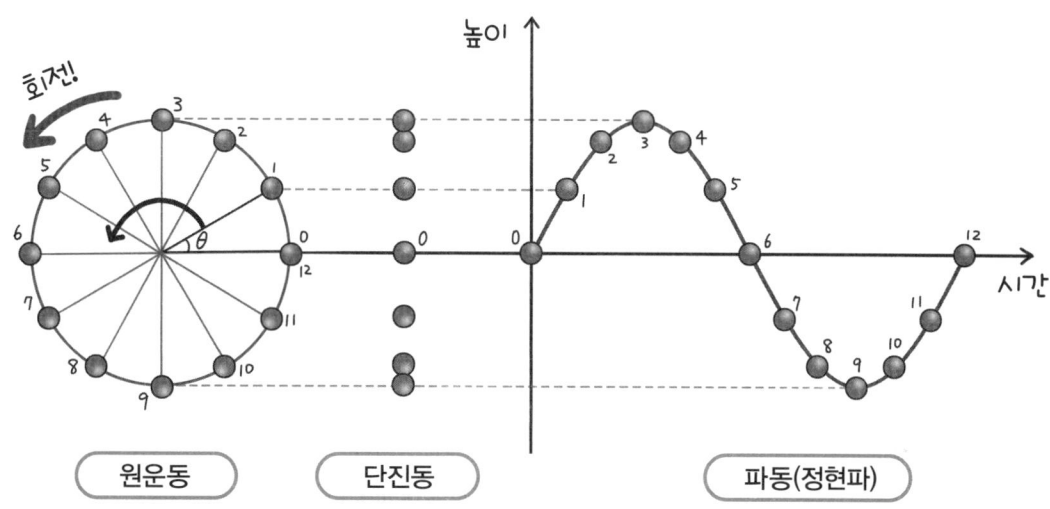

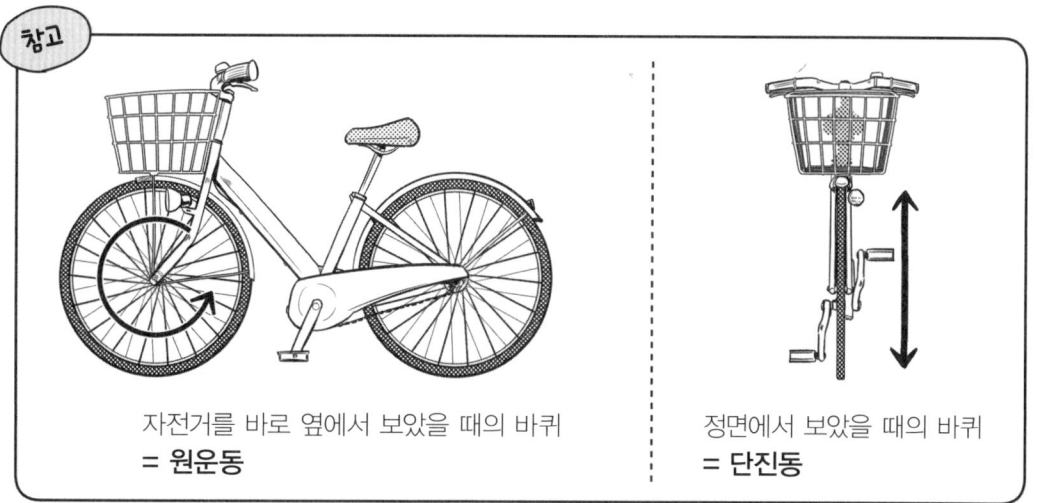

 바퀴를 바로 옆에서 보면, **원운동**… 즉 **회전**!
그걸 정면에서 보면 상하로 움직이는 **단진동**이고, 그 높이의 변화는 '**파동**'으로 나타낼 수 있어요.

 그렇군…! 복소수나 복소평면이 '회전'을 다루기 쉽다는 건 **복소수의 도입으로 '파동'을 간단하게 다룰 수 있다**는 거군요.
이제 계산이 잘 될 것 같아요.

2. 복소수로 나타내는 단진동, 교류회로

그럼 이제부터는 실제로 문제를 접하면서 복소수를 살펴볼까요.
물리 지식(위상이나 회로 등)이 필요하거나 계산을 잘못하면 어려울 수도 있지만, **복소수를 도입하면 여러 가지가 가능하다**는 걸 알 수 있을 거예요!

◆ 단진동과 복소수

그럼, 실제로 복소수를 이용한 물리의 예를 들어 보겠습니다.
'복소수는 물리량이 되지 않는 거 아니야?'라고 생각하는 사람이 있을 텐데요. 일리 있는 말입니다. 그런데도 일부러 복소수를 도입하는 것은 그렇게 해야 쉽게 다룰 수 있기 때문입니다.

단진동은 예컨대 용수철에 연결된 각진동수 ω의 추의 운동을 기술할 때 사용했습니다.
시각 t에서 추의 변위 $x(t)$는 다음과 같이 쓴다는 것을 배웠지요.

$$x(t) = A\cos(\omega t + \alpha)$$

속도 v는 x의 t에 의한 1계미분, 가속도 a는 x의 t에 의한 2계미분으로 나타낼 수 있습니다.
이때 $\sin(\omega t+\alpha)$, $\cos(\omega t+\alpha)$의 미분이 많이 나옵니다.
이거 정말 싫죠? cos이 몇 번 나왔는지, +가 붙는 건지, −가 붙는 건지 어느 쪽이지? 등등…
한편 지수함수는 미분할 때마다 상수 계수가 나오지만, 함수의 형태는 바뀌지 않습니다. 이건 참 편하죠! 그러니까 우선 변위를 나타내는 함수 $x(t)$는 복소수를 값으로 취하는 함수 $x_c(t)$로 확장해 다음과 같이 두고 **실제의 변위** $x(t)$**는** $x_c(t)$**의 실수부**라고 생각해보겠습니다.

$$x_c(t) = X_0 e^{i(\omega t + \alpha)}$$

속도와 가속도에 대응하는 복소수를 값으로 취하는 함수 $v_c(t)$, $a_c(t)$는 각각 다음과 같습니다.

$$\begin{aligned} v_c(t) &= \frac{dx_c}{dt} = i\omega X_0 e^{i(\omega t + \alpha)} \\ &= -\omega X_0 \sin(\omega t + \alpha) + i\omega X_0 \cos(\omega t + \alpha) \\ a_c(t) &= \frac{d^2 x_c}{dt^2} = -\omega^2 X_0 e^{i(\omega t + \alpha)} \\ &= -\omega^2 X_0 \cos(\omega t + \alpha) - i\omega^2 X_0 \sin(\omega t + \alpha) \end{aligned}$$

실수부는 각각 속도, 가속도를 나타내게 됩니다. 여기서

$$A_0 = X_0 e^{i\alpha} = X_0 \cos\alpha + iX_0 \sin\alpha \quad \text{(t에 의하지 않는 상수)}$$

로 두면

$$\begin{aligned} x_c(t) &= A_0 e^{i\omega t} \\ v_c(t) &= i\omega A_0 e^{i\omega t} \\ a_c(t) &= -\omega^2 A_0 e^{i\omega t} \end{aligned}$$

다음과 같이 좀 더 간단해져 초기 위상도 계수 A_0에 넣어 두고 잊을 수 있습니다.

위와 같이 나타내는 방식을 '복소수 표시'라고 하기도 하고, 계수의 $A_0, i\omega A_0, -\omega^2 A_0$를 '복소진폭'이라고 하기도 합니다.

여기까지의 생각을 다시 한번 복소평면상에서 반복해 보겠습니다. 아래 그림을 보면 복소평면 상에서 원운동하는 질점이 쓰여 있습니다. 이것은 $x_c(t) = A_0 e^{i\omega t}$를 나타냅니다. 실수부를 취하면 x축 상의 움직임을 나타내게 되는데 이것이 단진동입니다.

자전거 바큇살에 테니스공을 끼우고 바퀴를 빙빙 돌리는 모습을 생각해보세요.
바퀴를 옆에서 보면 공은 원운동을 하지만 똑바로 앞에서 보면 공은 상하운동을 할 뿐입니다. 이 움직임은 사실 단진동을 나타냅니다. 원운동과 단진동을 같은 기술로 나타낼 수 있는 것입니다.

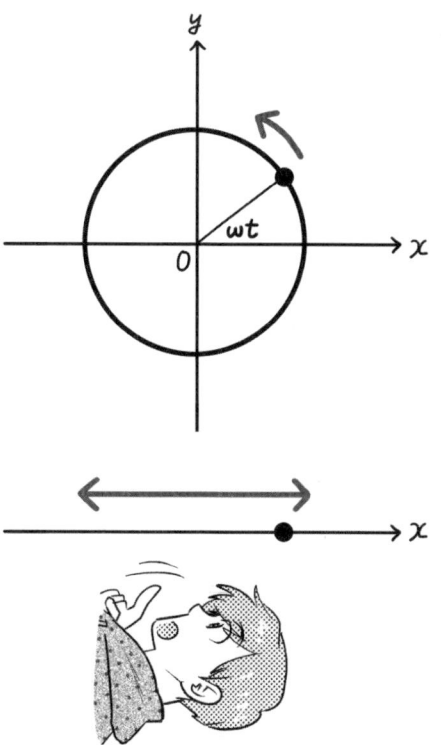

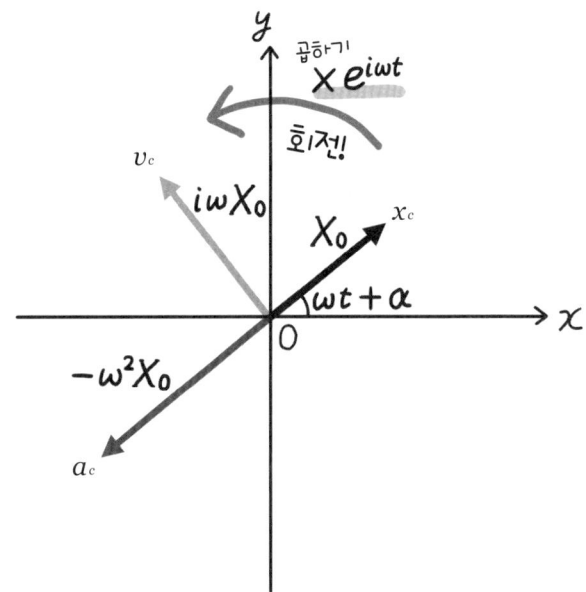

위의 그림은 어느 시각의 x_c, v_c, a_c을 복소평면에 나타낸 것입니다. 이와 같이 원점을 출발점으로 삼는 벡터로 복소수를 표현하는 것을 물리학이나 전기 분야에서 흔히 볼 수 있습니다.

화살표의 크기는 당연히 다르지만 이 벡터가 복소평면에서 빙빙 돌아가는 것을 x축에 사영한 것이 우리가 보고 있는 단진동이라는 것입니다.

 계산에서는 복소수를 사용하고 최종적으로는 '**실수부에만**' **주목**하다니!
재밌는 방법이군요, 역시….

교류회로에서도 복소수가 도움이 된다

그럼, 교류회로에서 복소수가 어떻게 도움이 되는지 알아보겠습니다.

우선 저항값 R의 저항에 전류 $i(t)$를 내보내는 것을 생각해봅시다. 저항에 걸리는 전압 $v_R(t)$은 옴의 법칙에 의해 다음과 같이 쓸 수 있습니다.

$$v_R(t) = Ri(t)$$

즉, 전류가 많이 흐를 때는 전압도 크고, 전류가 그다지 흐르지 않을 때는 전압도 작아집니다. 이것은 매우 단순해서 복소수가 등장할 일은 없을 듯합니다.

이번에는 자기 인덕턴스 L의 코일에 같은 전류 $i(t)$를 흘리는 것을 생각해봅시다. 코일은 도선을 둘둘 감은 것이므로 전류가 일정할 때는 저항이 0입니다. 한편 전류의 값이 변화하면 황급히 그것을 지우는 방향에 역기전력(전기회로 내의 임피던스 양끝에서 흐르고 있는 전류와 반대 방향으로 생기는 기전력)을 발생시킵니다. 이때의 기전력 크기의 비례 상수가 L이었습니다. 그러므로 코일에 걸리는 전압 $v_L(t)$는 다음과 같습니다.

$$v_L(t) = -L\frac{di}{dt}$$

마이너스가 붙어 있는 것이 역기전력입니다. 이 식을 좀 더 자세히 보면 전류가 별로 달라지지 않을 때(전류의 시간변화의 크기 $\left|\frac{di}{dt}\right|$가 작을 때)는 대전류가 흘러도 전압은 작고, 전압이 급격히 바뀔 때 ($\left|\frac{di}{dt}\right|$가 클 때)는 소전류라도 전압이 커집니다. 즉, 전류와 전압에서 전류와 전압이 똑같은 시간변화를 하는 것은 아니라는 것입니다.

또 하나, 직류 전류는 시간변화가 0이니까 코일에 전압이 항상 걸리지는 않지만, 시간 변동이 빠른 고주파 전류이면 코일에 걸리는 전압은 커집니다. 즉, L이 주는 영향은 전류의 상태에 따라 바뀝니다. 조금 복잡해졌지요.

마찬가지로 전기 용량 C의 콘덴서를 생각해보겠습니다. 콘덴서의 극판에 있는 전하를 $\pm q(t)$로 하면, 콘덴서에 걸리는 전압 $v_C(t)$는 다음과 같이 쓸 수 있습니다.

$$v_C(t) = \frac{q}{C}$$

또한 시각 t와 $t+dt$ 사이에 콘덴서에 흘러들어오는 전하 dq는 전류 i를 사용하여 idt라고 쓰므로 다음과 같은 식이 성립됩니다.

$$i(t) = \frac{dq}{dt}$$

즉, 전류 $i(t)$가 양극과 음극으로 심하게 흔들리는 고주파의 경우는 콘덴서에 평소에 거의 전하가 쌓이지 않고, 콘덴서에 걸리는 전압은 언제나 거의 0이 됩니다.

한편 직류 전류의 경우는 충전 후 신속하게 전류가 흐르지 않고 저항 ∞같은 상태가 됩니다.
콘덴서 역시 코일과 마찬가지로 전류와 전압의 시간변화가 같지 않으며 전류의 변화 방법에 따라 C가 주는 영향이 달라집니다.

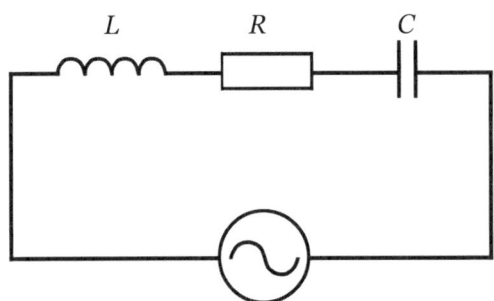

그럼, 이런 복잡한 코일, 콘덴서를 저항과 함께 위의 그림처럼 직렬로 연결해, 각주파수 ω의 교류 전원 $V(t) = V_0 \cos \omega t$를 걸어 보겠습니다. 위에서 구한 각 소자에 걸리는 부분 전압을 더하면 전원 전압이 되므로 다음과 같은 식이 됩니다.

$$L\frac{d^2q}{dt^2} + R\frac{dq}{dt} + \frac{q}{C} = V_0 \cos \omega t \quad \cdots\cdots ①$$

여기서 전하와 전류의 관계로부터 $i = \dfrac{dq}{dt}, \dfrac{di}{dt} = \dfrac{d^2q}{dt^2}$를 이용하여 $q(t)$만의 함수로 했습니다.
직렬 회로이기 때문에 전류는 어느 소자라도 같을 것입니다. 이것은 변수가 시간 t뿐이므로 1변수 2계미분방정식이라서 제4장에서 공부한 지식을 토대로 풀 수가 있습니다.
'하지만 복잡할 것 같다'는 생각이 들 것입니다.

이럴 때는 복소수가 도움이 됩니다. 전원의 전압, 전류, 콘덴서의 전하를 각각 다음과 같이 나타낼 수 있습니다.

$$v_c(t) = V_0 e^{i\omega t} = V(\omega)e^{i\omega t}$$
$$i_c(t) = I_0(\omega)e^{i\omega t}$$
$$q_c(t) = Q_0(\omega)e^{i\omega t}$$

첨자 c는 단진동 때와 마찬가지로 복소수를 나타내고, 실수부를 취하면 실제 전압, 전류 등을 나타냅니다.

여기서 I_0나 Q_0가 ω 함수로 되어 있는 것은 전류나 콘덴서에 쌓이는 전하가 교류전압의 주파수에 따라 변할 것을 예상하고 있기 때문입니다.

또한 $i_c(t)$, $q_c(t)$는 $v_c(t)$과 시간변화의 모습이 다를지도 모르지만 변화의 주파수는 분명 같을 것으로 예상됩니다. 그러므로 시간 변화항은 $e^{i\omega t}$로 나타내고, 위상차는 $I_0(\omega)$나 $Q_0(\omega)$를 복소수로 표현하게 됩니다. 그럼, 이들 식을 앞의 식 ①에 대입해 보겠습니다.

$$\frac{di_c(t)}{dt} = \frac{d^2q(t)}{dt^2} = i\omega I_0(\omega)e^{i\omega t}$$

$$\frac{dq_c(t)}{dt} = i\omega Q_0(\omega)e^{i\omega t} = I_0(\omega)e^{i\omega t}$$

$$Q_0(\omega)e^{i\omega t} = \frac{1}{i\omega}I_0(\omega)e^{i\omega t}$$

이므로 다음과 같이 됩니다.

$$i\omega L I_0(\omega)e^{i\omega t} + R I_0(\omega)e^{i\omega t} + \frac{1}{i\omega C}I_0(\omega)e^{i\omega t} = V(\omega)e^{i\omega t} \; (= V_0 e^{i\omega t})$$

좌변의 각항은 각각 코일, 저항, 콘덴서에 걸리는 부분 전압을 나타내는 복소수로 되어 있습니다. 각 소자에 대해 전압과 전류의 복소진폭의 비를 취하면 다음과 같이 됩니다.

$$Z_L(\omega) = \frac{i\omega L I_0(\omega)}{I_0(\omega)} = i\omega L = \omega L e^{i\frac{\pi}{2}}$$

$$Z_R(\omega) = \frac{R I_0(\omega)}{I_0(\omega)} = R$$

$$Z_C(\omega) = \frac{I_0(\omega)/i\omega C}{I_0(\omega)} = \frac{1}{i\omega C} = \frac{-i}{\omega C} = \frac{1}{\omega C}e^{-i\frac{\pi}{2}}$$

이 $Z_L(\omega)$, $Z_R(\omega)$, $Z_C(\omega)$를 각 소자의 '임피던스(교류 회로에서 전압과 전류의 비)'라고 합니다. 저항을 일반화해, 코일이나 콘덴서에도 응용할 수 있게 한 것입니다.

임피던스는 복소수로서 ω의 함수입니다. 우선 ω의 함수라는 것은 교류 전원의 주파수에 따라 동일한 코일이나 콘덴서라도 걸리는 부분 전압이 변한다는 것을 나타냅니다.

또한 이들 수치가 복소수라는 것은 아래 그림처럼 시간이 지나 각 파라미터가 복소평면을 빙빙 돌 때 그 위상차를 나타냅니다.

v_L은 v_R보다 $\frac{\pi}{2}$ 만큼 조금 더 나아간 위상이고, v_C은 v_R보다 $\frac{\pi}{2}$ 만큼 늦은 위상으로 변동한다는 것을 알 수 있습니다. 이것으로 꽤 편하게 이해할 수 있게 되었습니다.

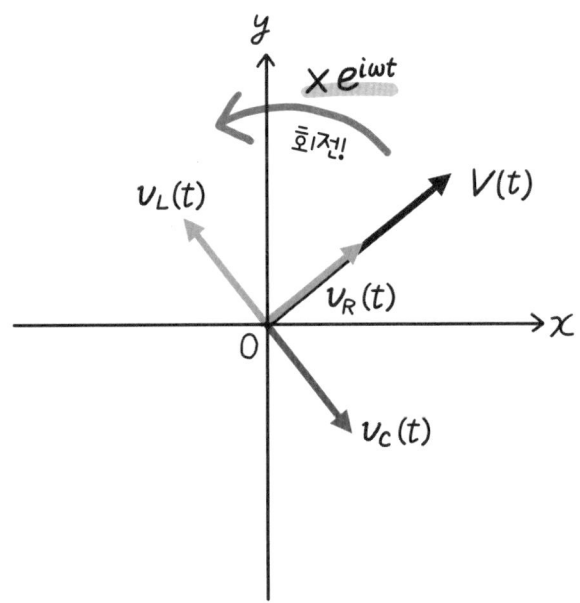

임피던스는 저항의 확장이기 때문에 옴의 법칙 $V=RI$가 그대로 $V=ZI$라고 쓸 수 있습니다. 많은 코일이나 저항, 콘덴서가 직렬·병렬로 연결되어 있어도, 그 합성 임피던스(합성저항의 확장)를 내어 각 소자에 가해지는 전압이나 흐르는 전류를 구할 수 있습니다. 이제는 어떤 회로가 와도 문제없습니다!

[참고]

전기에서 **위상**(위상차)이란 파형의 어긋남을 말하며 벡터 간의 각도로 나타냅니다.
아래 그림은 '위상이 다르고 최대값도 다른 회전 벡터의 모습'입니다.

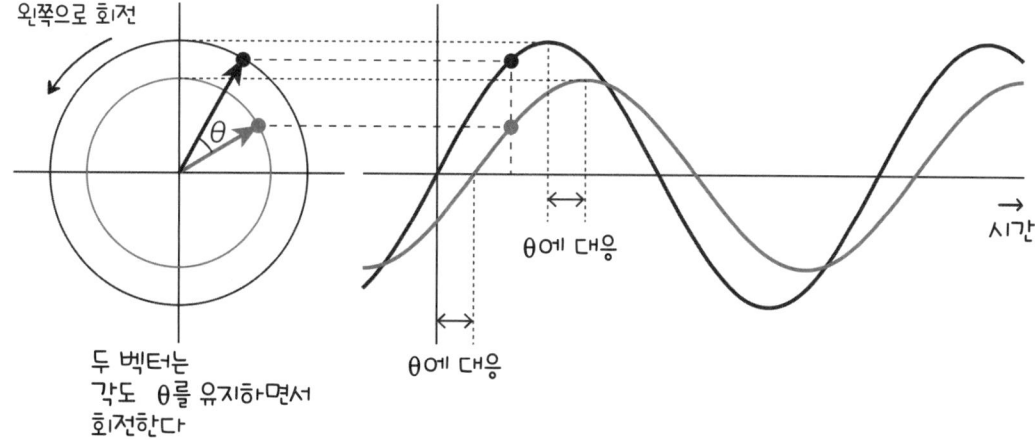

전기에 관한 지식이 없으면 좀 어려웠을지도 몰라요.
중요한 건 **복소수**를 도입하면 **위상도 수식으로 표현할 수 있다**는 거예요.

복소수에 따라 '위상을 고려한 식'을 만들 수 있습니다.
위상차가 있어 다루기 어려운 문제도 수식으로 해서 계산할 수 있습니다!

음, 지금까지는 '복소수'가 무엇에 쓰는지 몰랐는데, 계산을 쉽게 하는 획기적인 거네요.
물리를 배우는 데 도움이 되는 **매우 편리한 도구**라는 걸 잘 알겠어요!

(1) 일본 국적을 가진 자.
(2) 대학(자연계*) 졸업 이상인 자.
　※)이학부, 공학부, 의학부, 치의학부, 약학부, 농학부 등
(3) 자연계 분야의 연구, 설계, 개발, 제조, 운용 등에 3년 이상의 실무 경험(2008년 6월20일 현재)이 있는 자. (석사 학위 취득자는 1년, 박사 학위 취득자는 3년의 실무 경험으로 간주한다.)
(4) 우주 비행사로서 훈련 활동, 폭넓은 분야의 우주 비행 활동 등에 원활하고 유연하게 대응할 수 있는 능력(학문 지식, 기술 등)을 갖춘 자.
(5) 훈련할 때 필요한 수영 능력(수영복 혹은 일상복 차림으로 75m：25m×3회를 헤엄칠 수 있는 자. 또한 10분간 선헤엄이 가능한 자.)을 갖춘 자.
(6) 국제적인 우주 비행사 팀의 일원으로서 훈련을 하고, 원활한 의사소통을 할 정도의 영어 능력을 갖춘 자.
(7) 우주 비행사로서의 훈련 활동, 장기 우주 체류 등에 적응할 수 있는 다음 항목을 포함한 의학적, 심리학적 특성을 갖춘 자.

'2008년도 국제 우주 정거장 탑승 우주인 후보자 모집요항'
https://iss.jaxa.jp/astro/select2008/pdf/bosyuyoko.pdf에서 일부 인용

한 걸음 더

이 책은 물리학에서 사용하는 수학의 극히 일부에 지나지 않는 각 분야의 도입 부분을 소개했습니다. 이 책을 읽고 수학을 공부해서 물리학을 즐기고 싶어졌다면 보다 전문적인 교과서나 연습서로 공부해 보세요.

▶ **와다치 미키 『물리 입문 코스 - 물리를 위한 수학』 이와나미서점**

이공계 학생이 이용하는 수학을 최대한 간결하게 쓴 입문서로, 세상에 나온 물리를 위한 수학 교과서 중에서 아마 가장 평이하게 쓴 책일 것입니다. 이 책을 보면 수학과 물리학은 다른 학문이지만, 깊은 연관성이 있다는 것을 느낄 수가 있습니다.

▶ **구보 켄·우치나미 마모루 『응용을 통해 배운다 - 이공학을 위한 기초 수학』 바이푸칸**

수많은 물리학 응용 사례를 제시하면서 수학도 제대로 다룬 물리수학 입문서입니다. 수학적으로 자세히 파고들었고 많은 연습 문제도 다루었습니다.

▶ **미츠이 도시유키·야마자키 료 『물리수학 - 벡터 해석·복소 해석·푸리에 해석』 일본평론사**

복소 해석과 푸리에 해석에 대해서 기초부터 배울 수 있는 입문서로, 특히 처음 배우는 사람도 물리학에 등장하는 다양한 분석 기법을 익힐 수 있도록 알기 쉽게 쓰여 있습니다.

▶ **고토 겐이치·야마모토 구니오·간키 다케시 『물리 응용수학 연습』 교리츠출판**

물리학에서 이용하는 수학 연습서로서 가장 넓은 분야를 다루고 있는 것 중 하나입니다. 분량이 많아 모든 문제를 풀 필요는 없지만, 자신이 관심 있는 물리현상에 관련된 분야에 대해서 확실히 익히면 성취감이 생길 것입니다. 반드시 여기까지 도전해보시기 바랍니다.

찾아보기

숫자·영어·기호

1변수함수 138
2계 도함수 90
2계편도함수 143
2변수함수 135, 138
2중적분 161
2차 도함수 90
3변수함수 135, 138
det 70
div 189, 194, 198, 203, 205
divergence 189
grad 189, 194, 196, 203
gradient 189
i 218
Im 218
n계 도함수 90
n차 도함수 90
Re 218
rot 189, 194, 200, 203, 207
rotation 189
∇ 202

ㄱ

가속도 16, 24, 40, 91, 232
가우스 평면 220
가우스-요르단 소거법 68, 69
가우스의 법칙 206
가우스의 정리 204, 205
각주파수 236
각진동수 57, 71, 149, 232
감쇠진동 181
고유벡터 64, 71
고윳값 64, 71
고차도함수 99
곱(행렬) 52
곱셈(행렬과 스칼라) 51
공기 저항 16
관성 텐서 45
광의적분 123

교류회로 235
구좌표 152, 156, 169
극좌표 58, 126, 168, 221
극한 83
근사 26, 93, 95
근사식 107
기울기(grad) 189, 194, 196
기저벡터 44
기준진동 71

ㄴ

나블라 202
내적 192
누적적분 167

ㄷ

다변수함수 134, 138, 145
다중적분 162, 168
단위 85
단위벡터 43
단위행렬 47, 53, 68, 71
단진동 56, 231, 232, 236
대시포트 179
덧셈(벡터) 50
덧셈(행렬과 행렬) 51
도트 곱 192
도함수 81, 83, 87, 94, 97, 139, 173
독립변수 134
드무아브르의 공식 228

ㅁ

매클로린 전개 92, 104, 105, 224
면적분 161, 163, 205, 207
물리량 85, 91
미분 23, 24, 26, 78, 81, 87, 139
미분방정식 170

ㅂ

발산 정리 205

251

발산(div)	189, 194, 198, 205
방사성 동위 원소	176, 178
벡터 곱	193
벡터 공간	63
벡터 연산자	189, 194
벡터	20, 21, 27, 39, 41, 50, 190, 195, 196, 198, 200
벡터장	190
변수분리형	175
변위	56, 146, 232
변형	45
변화 비율	82
복소수	18, 29, 218
복소진폭	233
복소평면	220, 226
부정적분	121
붕괴	176
뺄셈(벡터)	51
뺄셈(행렬과 행렬)	51

ㅅ

사상	63
사인파	146, 231
삼각함수	61, 108, 146, 221, 223
삼중적분	162
상단	121
상미분방정식	173
상수배(벡터)	50
선적분	162, 207
선형사상	48
성분(벡터)	41
성분(텐서)	45
성분(행렬)	46
속도	24, 40, 41, 80, 91, 232
속도	40, 78, 116
수렴	83
순간의 속도	81
스칼라	21, 39, 41, 195, 196, 198
스칼라 곱	192
스칼라장	190
스토크스 정리	204, 207
시간	91, 116

실수	30
실수부	218, 232, 236
실수축	220

ㅇ

앙페르의 법칙	209
역기전력	235
역함수	87
역행렬	53, 68, 70, 71
연립방정식	54, 68
열	40
영행렬(0행렬)	47
영행렬(제로 행렬)	47
오일러의 공식	222, 224, 226
온도	40
옴의 법칙	235
외적	193
요소(행렬)	46
용수철 상수	56
용수철 진자	16
운동방정식	56, 174
원기둥좌표	152, 153, 169
원운동	231
위상	149, 238, 239
위치 에너지	112
위치	24, 91, 146
유체역학	27, 190
인티그럴	119, 164
일반해	173
임계 감쇠	181
임의의 상수	123, 173
임피던스	237
잉여항	99

ㅈ

자기 인덕턴스	235
자기장	191
저항	235
적분상수	123
적분 정리	204
적분	23, 116, 158
전기장	191

전기회로 ·· 182
전류 ··· 19, 235
전미분 ·· 142
전압 ·· 235
전자기학 ·· 27, 191
전치행렬 ·· 48
전하 ·· 235
절대값(복소수) ····································· 221
점성 저항력 ··· 179
접선의 기울기 ································ 81, 95
정방행렬 ·· 47
정적분 ·· 120
제로벡터 ·· 44
종속변수 ·· 134
좌표변환 ·· 58
주파수 ·· 147
중적분 ·· 162
지수함수 ·· 223
직교좌표 ······································· 58, 152
진동 ··· 30, 146
질량 ··· 21, 56

ㅊ

차원 ·· 85, 91, 124
차원해석 ··· 86, 91
체적적분 ······························· 162, 164, 205
초기 위상 ·· 233
초깃값 문제 ··· 174
축소(변환으로써) ··································· 60

ㅋ

켤레 복소수 ··· 219
크기(벡터) ··· 43
크로스곱 ·· 193

ㅌ

테일러 전개 ························· 92, 101, 105, 114
테일러 정리 ··································· 93, 99
텐서 ·· 45
특수해 ·· 173

ㅍ

파동 방정식 ··· 150
파동 속도 ·· 150
파동 ································· 145, 146, 230
파수 ·· 147
파장 ·· 147
편각 ·· 221
편도함수 ·· 140
편미분 계수 ··· 140
편미분 ······························ 140, 142, 150
편미분방정식 ······································· 151
평균 기울기 ··· 97
평균값의 정리 ······························· 93, 96, 99
평균속도 ······································ 79, 118

ㅎ

하단 ·· 121
함수 ·· 80
합성함수 ·· 87
행렬 ··· 20, 22, 46
행렬식 ··· 70, 71
허수 단위 ·· 218
허수 ·· 29
허수부 ·· 218
허수축 ·· 220
확대(변환으로써) ··································· 60
회전(rot) ······················· 189, 194, 200, 207
회전(변환으로써) ··································· 60
회전(복소평면상에서) ················· 228, 230
회전행렬 ·· 61

253

〈저자 소개〉

밤바 아야
1999년 교토대학 이학부 졸업
2004년 교토대학 대학원 이학연구과 박사과정 수료. 이학박사
        이화학연구소 기초과학 특별연구원
2007년 일본학술진흥회 특별연구원(우주 과학연구소)
2009년 더블린 고등연구소 슈뢰딩거 펠로우
2011년 아오야마가쿠인대학 이공학부 준교수 역임
2016년 도쿄대학 대학원 이학계 연구과 준교수(현재)

☐ **제작** : 오피스 sawa
2006년 설립. 의료, 컴퓨터, 교육계의 실용서와 광고를 다수 제작했다. 일러스트나 만화를 이용한 매뉴얼, 참고서, 판촉물 등이 강점이다.
e-mail: office-sawa@sn.main.jp

☐ **시나리오** : 사와다 사와코
☐ **일러스트** : 가와무라 반리
☐ **DTP** : 오피스 sawa

만화로 쉽게 배우는 시리즈

만화로 쉽게 배우는 통계학
다카하시 신 지음
김선민 번역
224쪽 | 17,000원

만화로 쉽게 배우는 회귀분석
다카하시 신 지음
윤성철 번역
224쪽 | 17,000원

만화로 쉽게 배우는 인자분석
다카하시 신 지음
남경현 번역
248쪽 | 16,000원

만화로 쉽게 배우는 베이즈 통계학
다카하시 신 지음
정석오 감역 | 이영란 번역
232쪽 | 17,000원

만화로 쉽게 배우는 보건통계학
다큐 히로시, 코지마 다카야 지음
이정렬 감역 | 홍희정 번역
272쪽 | 17,000원

만화로 쉽게 배우는 데이터베이스
다카하시 마나 지음
홍희정 번역
240쪽 | 16,000원

만화로 쉽게 배우는 허수·복소수
오치 마사시 지음
강창수 번역
236쪽 | 17,000원

만화로 쉽게 배우는 미분방정식
사토 미노루 지음
박현미 번역
236쪽 | 17,000원

만화로 쉽게 배우는 미분적분
코지마 히로유키 지음
윤성철 번역
240쪽 | 17,000원

만화로 쉽게 배우는 선형대수
다카하시 신 지음
천기상 감역 | 김성훈 번역
296쪽 | 17,000원

만화로 쉽게 배우는 푸리에 해석
시부야 미치오 지음
홍희정 번역
256쪽 | 17,000원

만화로 쉽게 배우는 물리[역학]
닛타 히데오 지음
이춘우 감역 | 이창미 번역
232쪽 | 17,000원

만화로 쉽게 배우는 물리[빛·소리·파동]
닛타 히데오 지음
김선배 감역 | 김진미 번역
240쪽 | 17,000원

만화로 쉽게 배우는 양자역학
이사카와 켄지 지음
가와바타 키요시 감수 | 이희천 번역
256쪽 | 17,000원

만화로 쉽게 배우는 상대성 이론
야마모토 마사후미 지음
닛타 히데오 감수 | 이도희 번역
188쪽 | 17,000원

만화로 쉽게 배우는 열역학
하라다 토모히로 지음
이도희 번역
208쪽 | 17,000원

※ 정가는 변동될 수 있습니다.

만화로 쉽게 배우는 물리수학

원제 : マンガでわかる 物理数學

2021. 11. 19. 1판 1쇄 인쇄
2021. 11. 26. 1판 1쇄 발행

지은이 | 밤바 아야
그 림 | 가와무라 반리
감 역 | 윤황현
역 자 | 김선순
펴낸이 | 이종춘
펴낸곳 | BM (주)도서출판 성안당
주소 | 04032 서울시 마포구 양화로 127 첨단빌딩 3층(출판기획 R&D 센터)
       10881 경기도 파주시 문발로 112 파주 출판 문화도시(제작 및 물류)
전화 | 02) 3142-0036
       031) 950-6300
팩스 | 031) 955-0510
등록 | 1973. 2. 1. 제406-2005-000046호
출판사 홈페이지 | www.cyber.co.kr
ISBN | 978-89-315-5782-4 (17410)
정가 | 17,000원

이 책을 만든 사람들
책임 | 최옥현
진행 | 김해영
교정·교열 | 김해영
본문디자인 | 김인환
표지디자인 | 임진영
홍보 | 김계향, 유미나, 서세원
국제부 | 이선민, 조혜란, 권수경
마케팅 | 구본철, 차정욱, 나진호, 이동후, 강호묵
마케팅 지원 | 장상범, 박지연
제작 | 김유석

이 책의 어느 부분도 저작권자나 BM (주)도서출판 **성안당** 발행인의 승인 문서 없이 일부 또는 전부를 사진 복사나 디스크 복사 및 기타 정보 재생 시스템을 비롯하여 현재 알려지거나 향후 발명될 어떤 전기적, 기계적 또는 다른 수단을 통해 복사하거나 재생하거나 이용할 수 없음.

■ 도서 A/S 안내

성안당에서 발행하는 모든 도서는 저자와 출판사, 그리고 독자가 함께 만들어 나갑니다.
좋은 책을 펴내기 위해 많은 노력을 기울이고 있습니다. 혹시라도 내용상의 오류나 오탈자 등이 발견되면 **"좋은 책은 나라의 보배"**로서 우리 모두가 함께 만들어 간다는 마음으로 연락주시기 바랍니다. 수정 보완하여 더 나은 책이 되도록 최선을 다하겠습니다.
성안당은 늘 독자 여러분들의 소중한 의견을 기다리고 있습니다. 좋은 의견을 보내주시는 분께는 성안당 쇼핑몰의 포인트(3,000포인트)를 적립해 드립니다.
잘못 만들어진 책이나 부록 등이 파손된 경우에는 교환해 드립니다.